Die geologischen Grundlagen der Verbauung der Geschiebeherde in Gewässern

Von

Ing. Dr. phil. **J. Stiny**

o. ö. Professor an der Technischen Hochschule in Wien

Mit 40 Textabbildungen

Wien

Verlag von Julius Springer

1931

ISBN-13: 978-3-7091-9606-9   e-ISBN-13: 978-3-7091-9853-7
DOI: 10.1007/978-3-7091-9853-7

Vorwort.

Die jüngste Arbeit von G. Strele (23), einem erfahrenen, österreichischen Wildbachverbauer, lenkt wiederum die Aufmerksamkeit von Bau- und Forstingenieuren auf das um die Wende des vorigen Jahrhunderts vielbeackerte Gebiet der Wildbachverbauung; sie ermuntert auch mich, meine seinerzeitigen Ausführungen über die Geschiebeherde der Wildbäche in dem Büchlein „Die Muren" und in meiner „Technischen Geologie" auszubauen und in der leichter überschaubaren und zugänglicheren Form einer Sondermitteilung in allgemeinerer Form noch einmal zu veröffentlichen. Dabei kommt es mir besonders auf die Herausarbeitung meiner eigenen Einteilungsgrundsätze, die Geschiebeherde betreffend, an; ich verzichte darum absichtlich und bewußt auf die Heranziehung hier nicht unmittelbar verwerteten Schrifttums und verweise diesbezüglich auf die vielen Schriftenbelege, welche sich in dem für österreichische Verhältnisse grundlegenden Werke F. Wangs (26)[1] über die Verbauung der Wildbäche finden; ein namhafter Anteil des hierhergehörigen Schrifttums fällt übrigens mit jenem über Bodenbewegungen zusammen, das von anderen Fachgenossen (z. B. Braun [32], Almagia [28] u. a.) bereits zusammengestellt wurde.

Die nachstehende Veröffentlichung sucht keinen Wettbewerb mit Kempfs (10) Schrift über die geologischen Grundlagen der Wildbachverbauung; ich habe mir ein engeres Ziel gesteckt und beschränke mich wegen Raummangel bei der Behandlung der geologischen Grundlagen der Verbauung der Geschiebeherde auf die Hervorhebung einiger wichtiger Hauptgesichtspunkte, ohne das ganze weite Wissensgebiet der Wildbachgeologie ausschöpfen zu können, wie dies Kempf zu tun versucht hat. Die allgemeinen technisch-geologischen Fragen passen übrigens auch nicht in den Rahmen eines Buches, das ein Sondergebiet des Ingenieurwesens behandelt; sie gehören in ein Lehrbuch der technischen Geologie selbst.

Die Beschäftigung mit den geologischen Grundlagen der Geschiebeherde hat hohe technische und wissenschaftliche Bedeutung. Manche Ingenieure vermögen sich zwar auch ohne besondere geologische Vor-

---

[1] Die eingeklammerten Zahlen neben den Verfassernamen geben die Ordnungszahl des betreffenden Werkes im Schriftenverzeichnis an.

kenntnisse aus einem ihnen sozusagen angeborenen „geologischen" Empfinden heraus in das Wesen der Erscheinungen in Wildbächen mehr oder minder gut einzufühlen. Ihr geologisch-gewässerkundliches Gefühl leitet sie aber nicht immer völlig sicher bei der Lösung schwierigerer Aufgaben; ihre Arbeiten zeugen oft mehr von vorsichtigem „Tasten" als zielbewußter Treffsicherheit. So bietet die Geologie nicht bloß dem ihr durch seine natürliche Veranlagung und seinen Studiengang Fernerstehenden, sondern auch dem „Ingenieur mit geologischem Hausverstande" eine wichtige Hilfe und Stütze. Wer die geologischen Zusammenhänge zwischen Gelände und Gewässertätigkeit klar und sicher erkennt, wird ohne langes Zaudern oder gar opferheischendes Herumproben sofort die zweckmäßigsten Maßnahmen vorschlagen und treffen können. Seine Wahl zwischen den verschiedenen baulichen und Begrünungsmaßnahmen wird aber nicht bloß güte-, sondern auch mengenmäßig die beste sein; denn sie kann sich, gestützt auf die genaue Kenntnis der geologischen Grundlagen der Verbauung ebensosehr von einem schädlichen „Zuwenig", wie auch von einem verschwenderischen „Zuviel" an Herstellungen fernhalten. Es verhält sich mithin der geologisch denkende Wasserbauer zu jenem, welcher der Geologie entraten zu können glaubt, etwa so wie der in der Statik gut ausgebildete Ingenieur zu jenem Baumeister vergangener Jahrhunderte, welcher die Baumittel und ihre Ausmaße allein aus Gefühl und Erfahrung heraus anordnete. Auch in die Wirkungsweise der baulichen und der Begrünungsmaßnahmen bringt die geologische Betrachtungsart der Wildbacherscheinungen Licht und Klarheit; sie macht Erörterungen überflüssig, wie sie in der letzten Zeit z. B. wieder von Dr. Fankhauser und Albisetti ausgegangen sind; geologischer Einblick wird da ohne weiteres den Entgegnungen G. Streles (23) Recht geben. Schließlich begründet die geologische Betrachtungsweise der Geschiebeherde auch den Erfahrungssatz, daß die Begrünungsmaßnahmen den baulichen nachfolgen sollen; so greift sie also in die Beurteilung von Art, Ausmaß und zeitlicher Reihenfolge der Bekämpfungsmaßregeln gegen Geschiebeschäden klärend und entscheidend ein. Da sich diese Überzeugung noch nicht restlos Bahn brechen konnte, wie die eben verwähnten Veröffentlichungen von Dr. Fankhauser und Albisetti lehren, erscheint eine neuerliche Erörterung der geologischen Grundlagen der Geschiebeherdeberuhigung zweifellos zeitgemäß und nützlich.

Die vorstehenden Zeilen sprechen bereits die Überzeugung aus, daß die Verbauung der Geschiebeherde auf geologischen Grundlagen fußen muß; haben andere von „Verbauung nach den Grundsätzen der Natur" gesprochen, wie z. B. Schindler (20), so trete ich für ein Lehrgebäude der Verbauung nach den Grundsätzen der Geologie als der Lehre von den Naturvorgängen ein; das vorliegende Büchlein soll einen kleinen Beitrag zur Schilderung der geologischen Grundlagen der Geschiebezurückhaltung bilden; ihre Anwendung und das Entwerfen der Verbauungsgedanken muß ich berufeneren, ausführenden Ingenieuren des Wasserbaudienstes überlassen. Meine Überzeugung von der Wichtigkeit der Geologie für die Unschädlichmachung der Geschiebeherde der Gewässer wurzelt in der Tatsache, daß die Bildung der Geschiebeherde ein geologischer Vorgang ist; schon allein deshalb muß die Erforschung der Ursachen und der Abwicklung dieser Vorgänge die Bestrebungen des Ingenieurs fördern; denn diese laufen doch im wesentlichen darauf hinaus, den Schäden, die von den Geschiebeherden ausstrahlen, vorzubeugen und sie in Zukunft zu verhüten. Die Tätigkeit des Ingenieurs steckt sich mithin bei der Bekämpfung des Geschiebes das Ziel, Naturgeschehen zum größeren oder kleineren Teile wieder rückgängig zu machen oder doch wenigstens aufzuhalten, soweit dies die schwachen Kräfte des Menschen vermögen. Hierzu weist die Geologie den kürzesten und sichersten Weg — wo ein solcher überhaupt gangbar ist; denn es gibt öfters auch ganz hoffnungslose Fälle, in denen der Mensch den Naturgewalten fast ohnmächtig gegenübersteht; darauf wird später noch aufmerksam gemacht werden.

Die Unterstreichung der geologischen Grundlagen der Verbauung der Geschiebeherde will natürlich die Bedeutung der anderen Hilfswissenschaften für den Wasserbauer nicht unterschätzen; im Gegenteile; Hydrologie, Wetterkunde, Land- und Forstwirtschaft usw. tragen ihrerseits wesentlich dazu bei, die Erkenntnissse der Geologie vorzubereiten und zu unterstützen; dies hat mich u. a. auch meine frühere, achtjährige Tätigkeit im Verbauungsdienste würdigen gelehrt.

Wien, im Mai 1931.

Dr. **Josef Stiny.**

Inhaltsverzeichnis.

1. Einleitung.

Erläuterung und Festlegung einiger Grundbegriffe.

Die Geschiebeherde der Gewässer sind von seltenen vereinzelten Ausnahmen abgesehen Hohlformen (unter Umständen Hohlformen 1. Ordnung). Ihre feinere Gliederung besorgen neben Hohlformen zweiter und noch höherer Ordnung (Runsen, Regenrillen [Abb. 1], Nischen usw.) natürlich häufig auch untergeordnete Vollformen; man denke da nur an die Rippen und Grate zwischen den Lappen eines Uferanbruches, an die bald plumpen, bald zierlichen Erdsäulen und Erdpfeiler vieler Blaiken Südtirols (Oberbozen, Segonzano usw.), oder an die Grate, Felszinnen und Türme der Kalk- und Dolomitberge (Drei Zinnen, Gesäuseberge) usw. Aber auch hier bemerkt man bei näherem Zusehen, wie sich Hohlformen (Kamine und dgl.) in die Vollformen hineinlegen, sie zerlegen und aushöhlen und den Schutt in ihren Gassen sammeln. Wenn auch herausgemeißelte Kanzeln, Felsrippen, Felsmännchen usw.

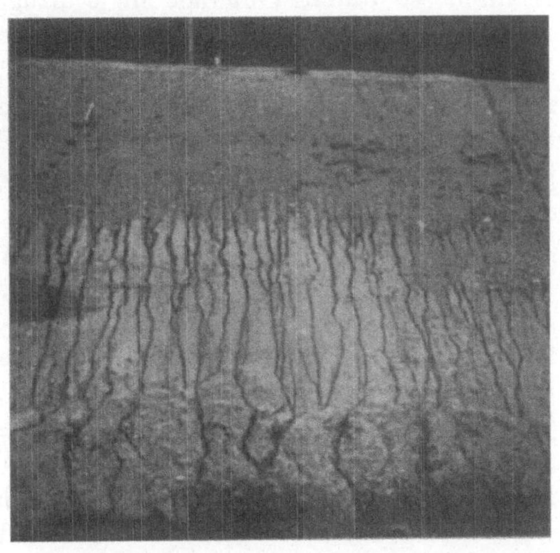

Abb. 1. Regenrillen. Einschnitt des Oberwassergrabens des Kraftwerkes Mixnitz bei Laufnitzdorf (Obersteier); Eigenaufnahme, Oktober 1930.

als Kleinvollformen abwittern, so sind die eigentlichen Angreifer und Vorbereiter der Zerstörung doch irgendwelche Hohlformen; diese müssen also in aller Regel als die Hauptgeschiebeherde unserer Wildbäche angesprochen werden.

Den Hohlformen der Geschiebeentnahmestellen stehen die Vollformen der Geschiebe-Ablagerungsplätze gegenüber; auch hier tut es dem Grundzuge der Hauptform keinen Eintrag, wenn sich in die Vollform untergeordnete Hohlformen hineinlegen; so z. B. Schurfrunste,

Schurfmulden usw. Die Ablagerung des Geschiebes ist oft nur eine mehr vorübergehende (Zwischenlager, Zwischenstapel); spätere Hochwässer führen die gelegentlich früherer Hochgänge im Gerinne selbst oder seitlich desselben abgelagerten Geschiebewalzen ruckweise mehr oder minder restlos ab und bedrohen damit wieder tiefer gelegene Laufstrecken. Zur Sicherung dieser wird es oft ratsam sein, solche Zwischenlager von Geschieben, die ihrerseits wieder zu Geschiebeherden werden können, mit baulichen Mitteln, ergänzt durch Aufforstungen, zu binden und mehr oder minder ortsfest zu machen. Von solchen Geschiebe-Folgeherden (Geschiebeherden zweiter Ordnung) wird später in anderem Zusammenhange noch die Rede sein. Die endgültige Ablagerung der mitgeführten Geschiebe bewerkstelligt der Wildbach auf seinem Schwemmkegel; dieser ist das Hauptlager oder Ruhelager für den Wildwasserschutt eines bestimmten Gerinnes. Freilich kann auch hier die Ablagerungstätigkeit im Laufe der Zeit eine Störung erfahren; so durch Vorgänge im Einzuggebiete des Wildbaches selbst (z. B. abnehmende Geschiebeführung) oder durch Veränderungen im Verhalten des Aufnehmers (starkes Andrängen an den Schwemmkegelrand und Annagen desselben, Tieferlegung der Hauptbachsohle usw.); doch kann darauf im Rahmen dieser Betrachtung nicht weiter eingegangen werden; desgleichen wird auch das Schicksal jener Geschiebemassen nicht näher untersucht, welche über die Schwemmkegel-Erzeugende hinaus bis in das Bett des Aufnehmers befördert werden.

Nach ihrem Verhältnisse zu den Bachgerinnen kann man die Schuttmassen in zwei Gruppen gliedern. Die Ablagerungen der ersten Art findet das Wasser gewissermaßen schon fertig gebildet vor; sie erfahren augenblicklich keinen Zuwachs an Masse mehr und sind „älter" als die jetzige Bachtätigkeit; man kann diese Ablagerungen daher auch als „Altschutt" bezeichnen. Zu ihm gehören fertig ausgebildete Schwemmkegel, bewachsener Gehängeschutt, Schuttkegel und Schutthalden, welche vom Pflanzenwuchse völlig besiedelt oder auch sonst nicht in Weiterentwicklung begriffen sind, außer Fühlung mit dem augenblicklichen Gletscherende stehende Stirnmoränen usw., außerdem aber auch alle Absätze, welche älter sind als die geologische Gegenwart (Eiszeitschotter, Eiszeitmoränen, Nagelfluhbänke, Tertiärsande usw.).

Je mächtiger diese Altschuttmassen entwickelt sind, um so ausgedehntere und gefährlichere Geschiebeherde können sich in ihnen ausbilden. Sie stellen gewissermaßen einen Schuttvorrat dar, der stets zur abschnittweisen Talfahrt bereit ist; in ihnen liegen daher auch zahlreiche große und verheerende Wildbachsammelgebiete unserer Alpen. Allfällige Durchfeuchtung ihrer Leiber erhöht noch ihre Gefährlichkeit; je stärker die Einhänge des Einzugsgebietes eines Gewässers von Sickerwässern durchtränkt sind, um so häufiger werden sich schon bei mittleren Niederschlägen gefährliche Bachausbrüche ereignen, und um so schwieriger werden solche Wildwässer zu bändigen sein. Während kleinere Geschiebeherde in trockenen Altschuttmassen zuweilen schon durch bloße Berasung und Bebuschung gebunden werden können, erfordern feuchte Lehnen zu ihrer Beruhigung vor allem einer planmäßigen, durch geeignete bauliche Maßnahmen zu bewirkenden Entwässerung; erst wenn diese zu einem sichtbaren Erfolge geführt hat, können den Boden oberflächlich festigende Arbeiten wie Berasung, Bebuschung und allenfalls auch Aufforstung der Einhänge Aussicht auf Bewährung erlangen.

Andere Geschiebeerzeugungsstätten sind die Ablagerungen der zweiten Gruppe; sie überantworten den Gewässern Schutt, welcher eben erst entstanden oder immer noch in fortgesetzter Vermehrung begriffen ist; O. Ampferer hat ihn daher als „lebendigen Schutt" bezeichnet. Er dünkt uns als Bildung, die vor unseren Augen emporwuchs und vielleicht gar noch weiterwächst, jünger als das Gewässer in seinem heutigen Zustand; wir können ihn daher auch „Jungschutt" nennen. Er besitzt meist geringere Mächtigkeiten als der „Altschutt", wird aber in der Regel immer wieder erneuert oder vermehrt. Es ist nur natürlich, daß die Bezeichnung des Schuttes verschieden sein wird, je nach dem Gewässer, von dem man ausgeht; so kann z. B. der Nebenbach Altschutt abführen; dieser wird dort, wo ihn der Nebenfluß dem Vorfluter überantwortet, für den Hauptfluß und vom Standpunkte des Hauptbaches aus zum Jungschutte.

Wenn man von Geschiebeherden spricht, so muß man vor allem schon in der Bezeichnung die fertige Hohlform trennen von dem Vorgange, der sie schafft.

In Lockermassen eingegrabene Geschiebeherde werden meist als Anbrüche (Anrisse, Ausrisse) bezeichnet; der früher nur örtlich üblich gewesene Ausdruck „Blaike" ist seit seiner Anführung in Schmellers bayerischem Wörterbuche (I., S. 323) auch in die Schriftsprache eingedrungen; auch Zaffauk (148) führt ihn an (S. 10); seltener hört und liest man die Bezeichnung „Riepe" (oder besser „Riebe", weil stammverwandt mit „reiben"? oder besteht vielleicht Verwandtschaft mit dem italienischen Worte ripa?) für Kahlflächen auf Steilhängen (z. B. Schelleberg-Riepe im Ederbache bei Oetz).

Der Vorgang, welcher die Anbrüche schafft, spielt sich sehr verschieden ab. In vielen Fällen schlagen Rutschungen oder ähnliche Bodenbewegungen (Massenbewegungen) dem Schutthange der Berge kleinere oder größere Wunden; aus diesen aufklaffenden Hohlformen „brechen" Schuttmassen aus; daher die Bezeichnung „Bruch" (Abbruch, Abriß, Ausriß) für den Vorgang der Ablösung der Massen und der Bildung der Hohlform. Ist letztere, d. i. also der „Anbruch", muschelähnlich ge-

staltet, so spricht man von einem „Muschelanbruch" („Muschelblaike");
der zugehörige Vorgang heißt „Muschelbruch" (Muschelabbruch, Muschel-
abrutschung). Hat die abgerutschte Masse die Form einer Platte, so
heißt die Hohlform „Blattanbruch" („Plattenanbruch" „„Blattblaike"),
der Vorgang „Blattbruch" (Blattablösung, Blattrutschung); die abgelöste Masse ist überall annähernd gleich dick und daher niemals nischen-
ähnlich wie beim Muschelbruche.

Aber nicht bloß die Massenbewegungen, sondern in noch höherem
Grade auch die fließenden Wässer erzeugen bekanntlich Geschiebe-
herde in Lockermassen. So führt z. B. der Seitenschurf der Bäche zum
„Uferbruche" (zur „Uferrutschung", zum „Uferabbruche"); seine
Hohlform heißt „Uferblaike" oder „Uferanbruch" (Abb. 2).

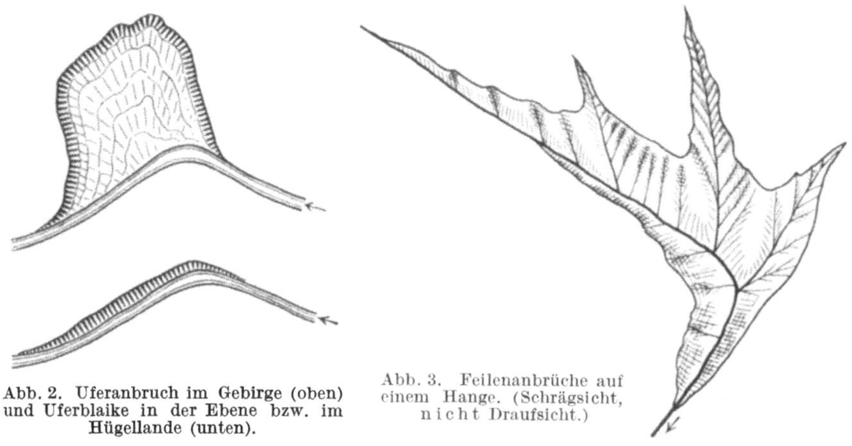

Abb. 2. Uferanbruch im Gebirge (oben)
und Uferblaike in der Ebene bzw. im
Hügellande (unten).

Abb. 3. Feilenanbrüche auf
einem Hange. (Schrägsicht,
nicht Draufsicht.)

Gräbt sich das Wasser, rückwärts einschneidend, in Lockermassen
ein, dann entstehen Runsen von meist dreieckigem Querschnitte, die
sich nach oben verjüngen und Feilenanbrüche (Abb. 3) genannt werden können. Sie entstehen manchmal während eines einzigen Hoch-
gewitters in unglaublich kurzer Zeit „bruchartig"; man darf daher den
Vorgang ihrer Bildung „Feilenbruch" nennen. — Am unteren Ende von
Bachschnellen über Felsgeschröffe, unterhalb von Felswandeln usw.
bilden sich oft Anrisse, welche oben am weitesten und tiefsten klaffen,
nach unten zu auskeilen und hier allmählich in den mehr oder weniger
regelmäßigen Bachrunst übergehen. Sie ähneln einem auf die Spitze
gestellten Keil und heißen daher „Keilanbrüche" (Keilausrisse, Keil-
anrisse; Abb. 4); die mehr oder minder rasch erfolgende erste Bildung bezeichnet man als „Keilbruch". Bergstürze, Hangrutschungen, die Murmassen von Seitenrunsen usw. können das Bett eines Gewässers verlegen und seinen Lauf aufstauen; „bricht dann der hemmende „Damm",

dann entsteht durch den „Dammbruch" ein Dammanbruch. Die Verheerungen, welche solche natürliche Dammbrüche anrichten können,

sind nicht minder groß als die gefürchteten Durchbrüche künstlicher Sperriegel (Grundbruch eines höheren Wehres, eines Erddammes, einer gemauerten Talsperre); nach ihrer ersten Entstehung bilden die Dammanbrüche noch längere Zeit Geschiebeherde; denn der erste Durchriß des stauenden Hindernisses beseitigt die Barre selten vollständig, sondern überläßt es künftigen Hochwässern, den Dammanbruch bis zur Erreichung einer Art Gleichgewichtslage zu vertiefen. So geben sowohl Verhütung als auch Regelung von Dammanbrüchen dem Ingenieur Gelegenheit zur Betätigung.

Uferanbrüche, Muschelanbrüche, Feilenanbrüche, Keilanbrüche und Blattanbrüche sind die wichtigsten Altschuttherde unserer Gebirgswässer; man kann sie auch als Urherde der Geschiebebildung betrachten. Die Dammanbrüche leiten bereits zu den Jungschuttherden hinüber. Denn es kann z. B., wie oben bereits angedeutet, ein hoch am Gehänge emporreichender Uferbruch mit seinen Massen das Bachbett verlegen und hier einen Geschiebe-Folgeherd entstehen lassen, dem der bald darauf erfolgende Dammbruch seine Geschiebewalzen entnimmt. In anderen Fällen — wie beispielsweise im Jahre 1908 beim Ecklbach, einem Zubringer des Märzenbaches bei Stumm im Zillertale — türmen die Murmassen

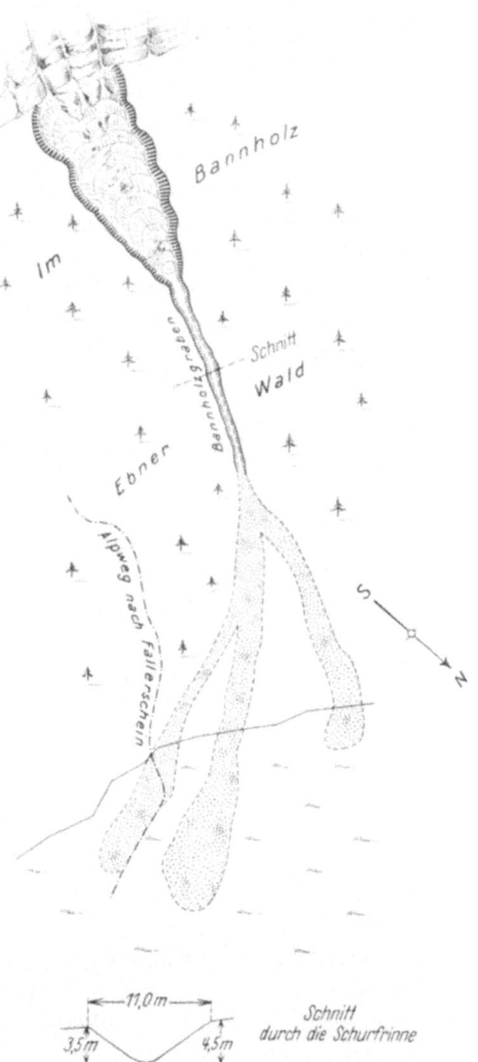

Abb. 4. Keilanbruch des Bannholzgrabens bei Stanzach im Lechtal (Tirol), nach dem Stande des Jahres 1907.

des Seitengrabens zwar keinen vollständigen Querwall im Bette des Vorfluters auf; sie überladen aber den Hauptbach derart mit Geschiebe, daß er dasselbe bald wieder in einem Zwischenlager fallen lassen muß;

meist schließen diese Folgeschuttmassen („Jungschutt") unmittelbar an die Seitenbachmündung an und geben sich dann sofort als von diesem ausstrahlende Geschiebeschweife zu erkennen. Im Laufe der auf solche Spitzenleistungen der Wildbäche folgenden, vergleichsweise „ruhigeren" Zeit mit ihren geschiebeärmeren Hochwässern sägt sich der Hauptbach in die Geschiebeschweife des Irrschuttes wieder ein und trachtet seine alte Sohlenlage rückzugewinnen; die junge Ablagerung wird so zum Geschiebeherde („Folgeherde" im Gegensatze zum „Urherde" im Seitengraben) für Jungschutt und bleibt es so lange, bis der Bach wieder eine Art Gleichgewichtszustand für sein Bett erarbeitet hat; zu beiden Seiten seines Laufes bleiben die Reste der Geschiebeschweife als mehr oder minder auffällige „Kleinfluren" oder „Teilfluren" (Teilterrassen) zurück. Gar oft kann der Mensch die langsame Durchsägung der Schuttmassen nicht abwarten, sondern sieht sich gezwungen, die in Umbildung begriffene Sohle der veränderten Laufstrecke zu sichern oder mit anderen Worten, den Jungschutt-Geschiebeherd, in diesem Falle eine Art Feilenanbruch, zu verbauen. Die Urherde für die Geschiebeführung des Märzenbaches unterhalb der Einmündung des Ecklbaches waren vorwiegend lange und tiefe Feilenanbrüche im Ecklbache; ähnliche Geschiebestreifen strahlten auch von anderen Seitenbächen und von zahllosen Uferanbrüchen, Muschelanrissen usw. aus; die Verwilderung eines Bachlaufes (hier des Märzenbaches) und das Anschwellen seiner Geschiebeführung geht also in vielen Fällen nicht in erster Linie vom Hauptbache aus, sondern wird von den Hängen her (Seitenrunsen, selbstständige Muschelbrüche usw.) eingeleitet. Dies gibt dem Ingenieur Winke für die Verhütung neuerlicher Ausbrüche; das Schwergewicht der Verbauung wird in die Befestigung der Urherde der Geschiebeführung gelegt werden müssen (Anbrüche der Seitengräben, Anbrüche der Einhänge); die Zurückhaltung der Folgeherde im eben erst abgelagerten Jungschutte des letzten Ausbruches ist weniger bedeutsam und minder dringlich, aber immerhin eine wichtige Ergänzung und wirksame Krönung des Verbauungswerkes.

Damit ist die Brücke vom Altschutte zum Jungschutte geschlagen. Zu diesem gehört aber nicht bloß aus echten Anbrüchen in Lockerschutt fortgeschleppter und vorübergehend irgendwo in den Bachbetten verstreut abgelagerter Altschutt, sondern auch der Schutt, den in Weiterbildung befindliche kleine Schwemmkegel, trockene Schuttkegel, Schutthalden, die von den Ufern hereinwachsende Rasendecke usw. in den Wildbachrunst vorschieben, und schließlich auch der Witterschutt der Felsen, der mehr oder minder formlos in die Bachschluchten fällt und sich auf ihrem Grunde in der Zeit zwischen zwei Bachhochgängen aufhäuft. Auch hier kann man „Urherde" der Geschiebeerzeugung (z. B. Abwitterwände) und „Folgeherde" unterscheiden; letztere werden von den Zwischenstapeln des Witterschuttes gebildet, die sich in Zeiten vergleichsweiser Bachruhe aufhäufen.

Das Abbrechen des Witterschuttes von den Felsleibern unserer Berge, das als „Steinschlag" den Bergwanderern gefährlich wird, erzeugt häufig auch Hohlformen, welche jene nachahmen, die man in Lockermassen beobachtet. Das ist namentlich dort der Fall, wo der Gebirgsdruck längs Quetschstreifen und sonstigen Zerrüttungstreifen die Gesteine zerhackt, zermalmt und leicht ausräumbar gemacht hat. Die Verwitterung — vornehmlich Wärmeverwitterung und Spaltenfrost — löst den bereits gelockerten Zusammenhang der Gesteine völlig und übergibt ihre Trümmer anderen geologischen Kräften zur Abfrachtung; die wirkungsvollsten Verfrächter des eben gewordenen „Jungschuttes" sind neben der Schwerkraft der abfahrende Winterschnee, Hagel, Schlagregen und das abfließende Wasser der Wolkenbrüche. So bilden sich auf den Felsschroffen der Gebirge durch wiederholte Einzelablösungen oder durch einmalige bis wiederholte Felsrutsche und Felsstürze nicht selten im nackten, reinen, aber mehr oder minder faulem Fels förmliche „Uferanbrüche" (Gödnacherbach bei Dölsach), „Muschelblaiken" (Weiße Wand des Tschirgant am Eingange des Oetztales), „Keilanbrüche", „Feilenanbrüche" (einzelne Felsrinnen in der Innsbrucker Nordkette, im Gesäuse usw.), „Blattanbrüche" (Zugna torta bei Mori, Südtirol) usw. aus; man trifft sie in unseren Alpen besonders häufig in den leicht verwitternden Bergarten der Werfenerschichten, des Grödener Sandsteins, der Lunzerschichten, der Lias-Fleckenmergel usw. an; auch in den meist stark zerhackten unteren Triasdolomiten (Ramsaudolomit, Wettersteindolomit usw.) und in den Quetschstreifen des Hauptdolomites (Dachsteindolomites) fehlen sie nicht. Es ist dies dieselbe Gleichstrebigkeit, welche auch bei Vollformen beobachtet werden kann (Erdpfeiler—Felspfeiler, Erdschneiden—Felsgrate, Erdsäulchen—Felstürmchen usw.), und welche ich z. B. bereits von Kleinhohlformen (Strudellöcher in Tegel ebensowohl wie im Fels) beschrieben habe. Fels und Lockermassen verhalten sich nämlich nicht immer grundsätzlich verschieden gegenüber geologischen Kräften, wie man gewöhnlich betont; sie sind durch Übergänge miteinander verbunden und zeigen nur dem Grade, nicht dem Wesen nach verschiedenes Verhalten, wenn gewisse ihrer technischen Eigenschaften einander gleich oder ähnlich sind (so z. B. die Wasserwegigkeit, Gleichteiligkeit oder Ungleichteiligkeit, der Zusammenhalt usw.). Für die Verbauung der Geschiebeherde kann es allerdings sehr wesentlich sein, ob der rein äußerlich als „Muschelblaike" sich darstellende Geschiebelieferer in brüchigen Fels oder in Lockermassen eingegraben ist; doch gibt es auch in dieser Hinsicht verbindende Brücken zwischen scheinbar scharfen Gegensätzen; es gibt echte Lockermassenblaiken, welche, einmal gebildet, sich vorwiegend dadurch weiter entwickeln, daß sich auf ihrer Oberfläche Teilchen um Teilchen durch Frost, durch das wiederholte Trocknen und Wiederfeuchtwerden usw. lockern, ablösen und in die Tiefe kollern, ganz ähnlich, wie dies die Witterstoffe der felsigen Einhänge tun.

Im großen und ganzen ist es jedoch vom Standpunkte des Ingenieurs förderlich und daher ratsam, die Geschiebeherde im Altschutt und im Jungschutt getrennt zu betrachten. Wir beginnen mit den Anbrüchen des Altschuttes und den Verbauungsgrundsätzen, die sich aus ihrer geologischen Bildungsschichte ergeben.

2. Die Feilenanbrüche.

Begriffsumschreibung.

Die Feilenanbrüche gehören zusammen mit den Keilanbrüchen zu den Tiefenschurfanbrüchen (Längenschurfanbrüchen); dagegen verdanken die Uferanbrüche dem Querschurfe oder Seitenschurfe ihre Entstehung.

Ihre Form ist, wie schon ihr Name andeutet, einer Feile ähnlich. Meist ist der Querschnitt dreieckig: Dreieckfeilenanbrüche (Abb. 5); doch gibt es auch solche mit rundlicher Sohle (Rundfeilenanbrüche [Abb. 7], Troganbrüche, Muldenanbrüche); schließlich sind auch Feilenanbrüche mit trapezförmiger Schnittgestalt möglich (Trapez-

Abb. 5.   Feilenanbruch in gleichartiger (gleichteiliger) Ablagerung.

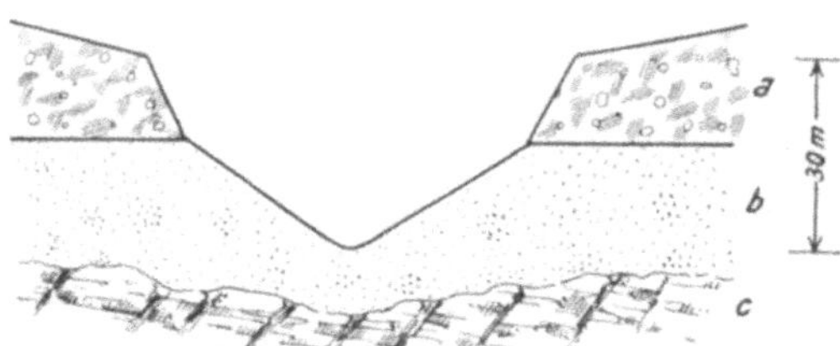

Abb. 6. Feilenblaike in Ablagerungen mit wechselnden bodentechnischen Eigenschaften; a standfeste, b wenig standfeste Massen, c Felsuntergrund.

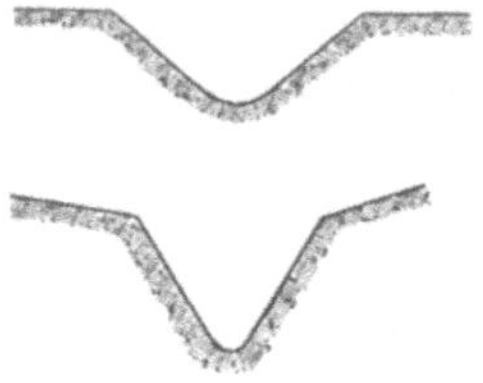

Abb. 7. Schurfmulde oder Muldenanbruch (oben), Troganbruch (unten).

gerinne, Trapezanbrüche, Trapezausrisse); sie finden sich nur bei Gewässern mit — wenn auch nur zeitweise — bedeutenderer Wasserführung.

Gute Bilder von Feilenanbrüchen geben z. B.: Wang(26), Abb. 18 auf S. 67 Feilenrunst in einen Murgang des Karmelitergrabens, Drautal, Tirol, eingegraben), Champsaur(3), Taf. 2 (Ansicht des rechten Ufers der Vaïre à Fugeret, Basses Alpes), Taf. 6 (Ravins affluents du torrent de Gaudissart, eingefurcht in die Terres noires), von verwachsenen Feilenanbrüchen K. Diwald(68) u. a. m.

Feilenanbrüche von zwerghaften Ausmaßen sind die bekannten Regenrillen auf nackten natürlichen oder künstlichen Steilböschungen (Abb. 1).

Andere Bezeichnungen für feilenförmige Einfurchungen — wenn auch nicht immer vom gleichen Begriffumfange — sind: Ravin (franz.), Woipolotsch (russ.), Csorga (ungar.), Ränna (schwed.), Stupeň (tschech.), Ryna (poln.), Barrancos (span., in Feuerberggebieten besonders gebräuchlich), Regenrillen oder kurz Rillen (kurz und wenig tief; meist Gebilde zweiter Ordnung in Ufer-, Muschel- und tiefen Feilenanbrüchen), Regenrisse, Rünseln, Runste, Rinnsale, Regenschluchten, Rüfi, Runsen (Regenrunsen), burrone, forra, dirupo (ital.) usw.

Die Entstehung der Feilenanbrüche.

Stürzen im steilgeneigten, lockeren Bette eines hochangeschwollenen Wildbaches ungewöhnliche Wassermengen pfeilschnell talwärts, dann reißen sie den Sand und feineren Kies rund um die größeren Steinbrocken und Felsblöcke mit sich; ihrer Stütze beraubt, und von den schäumenden Wässern wuchtig im Rücken gestoßen, rollen die größeren Steine nach vorne und geben ihre frühere Unterlage erneuten Angriffen des Wassers preis; das Spiel wiederholt sich unaufhörlich; bald befindet sich die ganze lockere Bachsohle samt den nachsinkenden Ufermassen in einer rollenden und gleitenden Bewegung, die sich von Punkten geringerer Seehöhe allmählich nach oben hinauf fortpflanzt und — genügendes Gefälle vorausgesetzt — schließlich in ihrer Gesamtheit einen Geschiebestrom, eine Mure, liefert. Genau gesprochen, gehen dabei zwei geologische Vorgänge miteinander Hand in Hand: die Eintiefung der Bachsohle und das seitliche Nachbrechen der Ufermassen, welche durch die Einnagung ihres stützenden Fußes beraubt werden.

Den Anstoß bilden, wie bereits angedeutet, häufig ungewöhnliche Ausschreitungen der Niederschläge; dann wird das Hanggefälle bzw. die Neigung der Bachsohle, die gewöhnlichen Wasserständen entsprach und ihnen standhalten konnte, zu steil für die außerordentlichen Wassermengen, die ihren Überschuß an Arbeitsvermögen in Mitreißen von Geschieben umsetzen müssen.

Nach oben verjüngen sich solche Feilenbrüche aus verschiedenen Ur. sachen; hier dünnt z. B. die Schuttdecke des Hanges nach oben aus und die Eintiefung macht auf der zum Vorscheine kommenden Felsunterlage halt; dort nimmt wieder die Hangneigung ab, wie dies z. B. an der Waldgrenze im Bereiche der Kare oder ganz allgemein gesagt, oberhalb der „Trogschulter“ vergletschert gewesener Täler gar häufig vorkommt; in anderen Fällen zerfasert der Wasserlauf in einzelne Runsen und es entspricht die zunehmende Eintiefung nach unten zu einfach der wachsenden Wassermenge (vgl. Abb. 3).

Die Neubelebung des Tiefenschurfs kann aber auch andere Ursachen haben; so z. B. Veränderungen in der Höhenlage des Schurfausgangspunktes (Erosionsbasis, Schurfbasis). Wird der untere Schurfendpunkt gesenkt, so empfängt der Tiefenschurf neuen Anreiz und neue Verstärkung. Die Tieferlegung des Schurfausgangspunktes kann z. B. dadurch erfolgen, daß der in Wanderschlingen andrängende Talbach den Schwemmkegel mehr oder minder kräftig angreift oder sogar hinwegräumt; die entstehende Stufe in seinem Gerinne sucht der Seitenbach durch rückwärtsschreitenden Tiefenschurf auszugleichen; so bildet sich zuerst auf dem Schwemmkegel ein Feilenrunst (vgl. Abb. 8 bei *e*); dauern die Annagungen und Zerstörungen des Schwemmkegels genügend lange an, dann pflanzt sich das Einschneiden auch in das Hanggebiet und

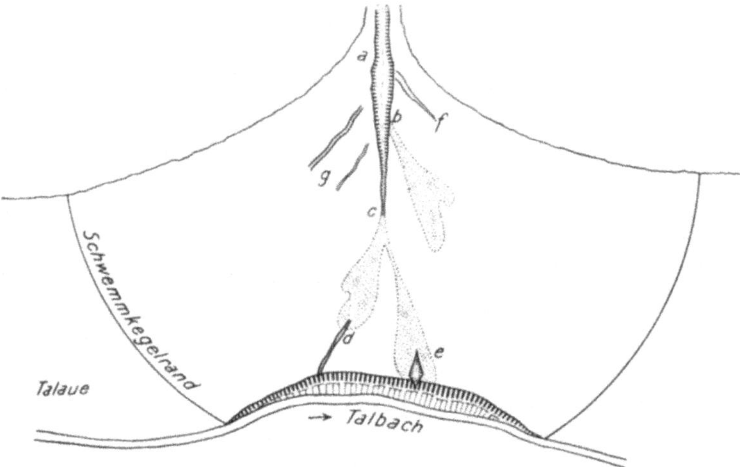

Abb. 8. Wildbachtätigkeit auf dem Schwemmkegel.
Bis *a* reicht ein wenige Meter tiefer Feilenanbruch, der auf dem Schwemmkegel in einen Keilbruch übergeht; dieser endet bei *c*; von hier ab Murablagerung, bei *d* Beginn einer Schurfrinne; bei *e* kurze Feilenkerbe (Rautenkerbe); *f* eine in Tätigkeit gesetzte Keilrinne, *g* ebensolche Schurfrinnen.

damit in die Schluchtstrecke des Seitenbaches fort. Wo die Hänge steil abfallen, weitet sich der Feilenbruch dann stark aus und fällt infolgedessen weit stärker auf als auf dem Schwemmkegelleibe, dessen sanft geformter Mantel der seitlichen Ausdehnung der Kahlflächen viel rascher ein Ziel setzt. Auch Krustenbewegungen können den Ausgangspunkt des Tiefenschurfes absenken; so z. B. Hebungen des Hintergehänges oder allmähliche Senkungen des Vorflutgebietes oder des Ablagerungsgeländes.

Versteilerungen der Hänge durch Verbiegungen führen zur Belebung des Tiefenschurfes und zur Ausbildung von Feilenanbrüchen. Die Böschung gerät durch solche Vorgänge immer mehr und mehr ins Ungleichgewicht; das nächste größere Hochwasser löst dann gewissermaßen die „angesammelten Spannungen" aus (Feilenbruch).

Ebenso verursacht die allmähliche oder rasche Durchnagung natürlicher oder künstlicher Gefällstufen („Dammbruch") Veränderungen in den Gefällverhältnissen jener Seitenrunsen, welche innerhalb solcher Eintiefungsstrecken einmünden; das gestörte „Gleichgewicht" in der Sohlenentwicklung stellt dann „schlecht und recht" der Feilenbruch wieder her oder sucht es wenigstens wieder herbeizuführen.

Damit sind die Ursachen der Bildung von Feilenbrüchen sicherlich noch nicht erschöpft. Ich erinnere da nur an die Auflockerung des Bodens durch das Abriesen des Holzes in Erdgefährten (Abb. 9); die unteren Stammenden der Hölzer verwunden nicht bloß die lebende Decke des Hanges, sondern schlagen sogar bis metertiefe Löcher in den Gehängeschutt (Abb. 10); in den Gruben sammelt sich Wasser an und durchweicht die Lehnen; entladen sich nun über einem solchen Hange Hochgewitter, dann reißen die abschießenden Wässer leicht tiefe Runsen aus. Ein weiterer, die Entstehung von Feilenanbrüchen befördernder Einfluß ist nach Wang (26) (S. 108) der Windwurf; ihm sind besonders reine Bestände der flachwurzelnden Fichte ausgesetzt; herrscht während schwerer Regengüsse Sturm, dann lockert die rüttelnde Bewegung der Wurzeln auch das Erdreich, erleichtert das Eindringen des Niederschlagwassers und die Sättigung des Bodens mit Feuchtigkeit, gibt die Windwurfschüsseln auf den Hängen der Ansammlung von Wasser, dem Schurfe der abschießenden Regenbächlein preis. Auf solche Art entstanden z. B. im Jahre 1897 im Gebiete der Herrschaften Hohenelbe und Marschendorf (Elbegebiet, Nordböhmen) mehrere Dutzende von Feilenrinnsalen von 50—400 m Länge und 10—80 m Breite. Darnach würden also Bestände

Abb. 9. Ablieferung des Holzes in Erdgefährten. Westhang des Madereck (1051 m) bei Bruck a. d. Mur, Obersteier. Grundgestein: altzeitliche Schiefer. Eigenaufnahme 1930.

Abb. 10. Durch Holzlieferung verwundeter Boden; Runse vom Punkt 1236 gegen Tragöss-Obertal herab (Obersteiermark). Eigenaufnahme 1930.

aus sturmfesten, tiefwurzelnden Holzarten (Eiche, Buche usw.) die Entstehung von Feilenanbrüchen unter Umständen verhindern oder doch erschweren.

In den allermeisten Fällen ist also der Feilenanbruch der Ausdruck einer mehr oder minder gewaltsamen Wiederbelebung der Schurfkraft eines Gerinnes längs einer bestimmten Strecke; das betroffene Bachstück ist aus dem Lageplane des Gewässers ohne weiteres zu entnehmen; aber nur ein genauer Längenschnitt zeigt deutlich die neuen Gefällsknicke, kennzeichnet dadurch die Eintiefungsenden und gibt Aufschluß über die wichtigen Fragen der Weiterentwicklungsmöglichkeiten.

Die Formen der Feilenanbrüche.

Die Hohlform, welche durch den während des Feilenbruches geleisteten Längenschurf entsteht, kann mit einer nach vorn sich ausspitzenden dreikantigen, vierkantigen oder runden Feile sehr wohl verglichen und darum Feilenanbruch (Feilenrunst, Feilenausriß) genannt werden. Ihr Querschnitt ist in aller Regel mehr oder minder streng dreieckig (Abb. 5) und nimmt in genügend gleichteiligen, namentlich nicht etwa von Felsbänken durchzogenen Massen entsprechend der sich fortwährend steigernden Schurfkraft von unten gegen oben zu an Größe allmählich ab; liegen im Runst Ablagerungen verschiedenen bodentechnischen Verhaltens übereinander, dann entstehen gebrochene Böschungen (Abb. 6). Im Grundrisse laufen die Feilenanbrüche nach oben zu meist sehr spitz aus, nach unten zu verbreitern sie sich bis zu einem gewissen Punkte, dem Höchstpunkte ihrer Entwicklung (Stelle ihrer größten Breite und Tiefe); von da ab sucht eine meist kurze, trichterartige Übergangsform den Anschluß an das Durchschnittsgerinne zu finden. Diese Übergangsstrecke ist um so kürzer, je mehr das Gefälle der unteren Strecke des Feilenrunstes vom Hanggefälle abweicht.

Vorbildlich können sich Feilenbrüche nur dort entwickeln, wo das Bachrinnsal von fast ebenen oder doch wenigstens gleichmäßig ausgebildeten Ufern begrenzt wird; prächtig geformt ist z. B. der Ausriß, den M. Kuss auf Tafel 3 seines Werkes „Les torrents glaciers" vom Gebiete des Torrent de Bionasset abbildet (13); fallen die Hänge aber sehr steil ab und sind sie dabei gleichzeitig wechselvoll gegliedert oder aus Baustoffen mit sehr verschiedenem Höchstböschungswinkel aufgebaut, oder tragen sie stellenweise Quellen und Naßgallen, dann entwickeln sich keine annähernd geradlinigen, im Grundrisse einfach nach unten auseinander laufenden Bruchränder, sondern unregelmäßig gekrümmte oder gewellte, gebuchtete und gelappte oder auch oft schartige Linien. Verunstaltet wird die mustermäßige Form des Feilenanbruches auch dann, wenn er sich mit anderen Arten von Anbrüchen, z. B. mit Uferanrissen zusammensetzt. Es können dann Zwitterwesen entstehen, die jeder Einteilungs- und Zuteilungskunst spotten; man betrachte da nur den ausgelappten Grundriß der Feilenfurche des Lielibaches bei Beckenried (Schweiz), den Salis (18) wiedergibt; die Eintiefung ging hier örtlich Hand in Hand mit Uferangriffen längs Krümmungen; daher greifen stellenweise mächtige Uferblaiken über die Ränder des eigentlichen Feilenanbruches hinaus und lecken mehr oder weniger gierig am Hange empor.

Tiefe und schön ausgebildete Feilenanbrüche finden sich dort nicht selten, wo sehr mächtige, im allgemeinen ziemlich standfeste Altschuttmassen das Felsgerüst der Lehnen bis hoch hinauf bedecken; sehr häufig sind sie im Eiszeitschutt eingegraben; doch findet man sie auch in alten mächtigen Schotterfluren, in Schwemmkegeln und dgl. eingesenkt.

Ziemlich regelmäßig ausgebildete Feilenbrüche trifft man in den Tiroler Alpen sehr häufig an; so, um nur einige Beispiele zu nennen, im Oberlaufe des Wurzbaches, der Neuhäuslgräben, des Haselbaches, des Niederharter- und des Ecklbaches im Zillertale, in den obersten Verzweigungen des Bichl- und des Wanzlbaches in der Gemeinde Antholz usw. Die Feilenrunste des Silvesterbaches bei Toblach und der Schindelholzer Rudlgräben bei Taisten im Gsiesertale (Südtirol) ziehen vom Bergfuße aus den Krallen einer Raubtiertatze gleich am Berghange empor (vgl. Stiny[101], Abb. 265, S. 442 u. Abb. 458, S. 759). Die Feilenanbrüche zählen zu den gefährlichsten Geschiebeherden unserer Wildbäche. Für gewöhnlich führen sie oft nur wenig oder gar kein Wasser; stärkere Niederschläge aber bringen sie zum starken Anschwellen und zur Mitnahme großer Geschiebemengen. So hat z. B. der Ecklbach am 29. Juli 1908 binnen kaum drei Stunden aus zwei sich vereinigenden Blaiken allein rund 100 000 m^3 Schutt abgefördert, die zahlreichen Feilenrunste des Niederharterbaches (gegenüber Fügen im Zillertale) sogar über 200 000 m^3 in derselben Zeit.

Zuweilen beobachten wir Feilenrisse, die in ganz jugendliche Absätze, so z. B. die eines Murganges, einer Massenbewegung u. dgl. eingegraben sind. Almagià (28) bildet beispielsweise das neue, dreieckschnittige Rinnsal ab (Abb. 2, S. 78), das der Rio Camia in eine Rutschungsmasse eingefurcht hat, die von der Frana di Tollara im Val Nüre (Nordapennin) abging.

Mustermäßige Dreieckrunsen (canaloni di scarico [ital.], barrancos [span.]) graben sich in die Aschenmäntel vieler Feuerberge ein; man vergleiche z. B. die prächtigen Bilder von Lentz (78) (Abb. 16, S. 56, Abb. 17, S. 57; Taf. 5, Barrankobildung bei Cantel [Samalàtal]; Taf. 6), bei Rovereto (90) (Abb. 257, S. 656) vom Vesuv, zwei Monate nach dem Ausbruche von 1906, bei Martonne (81) (Tafel 26 A). Sie bilden sich nach frischen Aschenfällen besonders rasch aus. Die Feilenrisse der echten Kegelmäntel haben eine für jeden Feuerberg annähernd gleiche Tiefe und Breite, entsprechend den örtlich gleichbleibenden Entstehungsbedingungen. Auch Racheln kommen in den Aschen und Tuffen vor.

Weicht das Sohlengefälle des neugebildeten Runstes nur wenig von dem Gefälle der Oberflächenform ab, in die er sich eingefressen hat, erhält die ablaufende, schürfende Wassermenge auf ihrem Talwege nur mehr verhältnismäßig wenig Zuwachs oder bleibt das Ausmaß des Längsschurfes aus anderen Gründen annähernd gleich, dann nehmen die Anbrüche mehr die Form eines langgezogenen, auf weitere Erstreckung annähernd gleich tiefen oder gleich seichten Schlauches oder Darmes an; der Querschnitt solcher langgestreckter Feilenanbrüche kann mehr rinnenähnlich („Rinnenanbruch") oder trogartig („Troganbruch", Abb. 7) sein.

Der Rinnenanbruch oder die Schurfrinne, wie man meistens sagt, hat annähernd bis ziemlich streng dreieckigen Querschnitt (vgl. Abb. 5); seine Tiefe beträgt bald nur wenige Dezimeter, bald viele Meter und ist im allgemeinen neben seiner Länge ein Maßstab für seine Bedeutung als Geschiebeherd. Kleine Schurfrinnen bildeten sich z. B. auf den Schwemmhalden von Bodensdorf und Tschöran anläßlich der Hochwässer des Jahres 1925 durch ausgeufertes Wasser aus; derartige seichte, gelegentlich entstehende und nur ausnahmsweise wieder von Hochgängen benutzte Schurfrunsen erfordern keine Verbauung ihres Bettes; man schüttet sie nach Tunlichkeit wieder zu, ebnet die Fläche wieder ein und verhindert ihre neuerliche Bildung durch Versicherung der Bachausbruchstellen.

Ganz ähnliche Formen wie die Rinnenanbrüche im besonderen und die Feilenanbrüche im allgemeinen kennt das Schrifttum über Talformen schon seit langem; die entsprechenden Formen der Täler sind bloß größer (tiefer und räumiger) und mit Pflanzenwuchs bestanden, während jene der Anbrüche im Durchschnitte kleiner und stets kahl sind. Es empfiehlt sich aus diesen und aus wirtschaftlichen Gründen, die grünen Hohlformen von den nackten Anbrucharten schon in der

Bezeichnung zu trennen; hierzu genügt es, für die Talformen die bisher gebrauchten Ausdrücke beizubehalten. So z. B. die Bezeichnung Verschneidung für Furchen mit sanften Einhängen (Siefen, wenn das Sohlengefälle klein ist), Runse für ebensolche mit steilen Flanken, Schluchten (Tobel, Rofla, Gräben, Ruz, Feilentäler) für tiefere engsohlige Furchen mit dreieckigem Querschnitt und steilen Einhängen aus Fels oder aus Lockermassen, Klammen (Tobel) für tiefe, schmale Einschnitte mit steilen bis sehr steilen Böschungen usw. Untergeordnete Einfurchungen werden in England Gully, gullet, in Nordamerika Gulch, gullet genannt. Das Rückwärtsschreiten der Feilentäler (V-Täler, Dreiecktäler) kommt z. B. auf dem Kärtchen aus dem Gebiete der Catskill Mountains, N. Y., gut zum Ausdruck, das Russel nach N. H. Darton auf Taf. 13 bringt(93). So sind nicht bloß die Feilenblaiken, sondern auch die anderen Anbrucharten nur die kleineren Abbilder größerer, mehr ins Auge fallender Hohlformen, mit denen sie ähnliche Bildungsweise und Entstehungsgeschichte verknüpft; die begrünten Großformen sind nur langsamer gewachsen oder haben aus einem anderen Grunde dem Pflanzenwuchse die Möglichkeit zur Ansiedlung geboten.

Die Klammen mit ihren felsigen Einhängen können auch dann nicht mehr zu den eigentlichen Feilenanbrüchen im engeren Sinne gerechnet werden, wenn sie im brüchigen, leicht verwitterbaren Fels eingesägt sind, wie z. B. in den bröckligen Schieferbergen des Phyllites Kalkphyllites, Graphitschiefers usw.; denn wir haben ja den Ausdruck „echter Feilenanbruch" für nackte Kahlflächen in Lockermassen vorbehalten. Allerdings ergeben sich, da die Lockermassen ganz allmählich zum festen Fels hinüberleiten können, Übergänge von den Lockermassen-Feilenanbrüchen zu den Felsfeilenfurchen (Felsrunsen, Felsrinnen, Kamine, wenn die Hohlformen klein, Felsschluchten, Felsklammen, wenn die Hohlformen größer sind); diese Verbindungsglieder zwischen den Anbrüchen in Lockermassen und den Formen im gewachsenen, festen Fels haben selbstverständllch auch für die Geschiebeherdeverbauung große Bedeutung; ja es ist gerade dieser Gesichtspunkt auch wesentlich mit dafür entscheidend, daß ich an der Trennung der Bezeichnungen für die Hohlformen im festen Fels und in Lockerkörpern festhalten möchte. Die Besprechung der Feilenbruchformen im Fels, also der Felsrunsen, Steinschlagrinnen, Felsrinnen, Schuttreisen, Kamine, Felsschluchten usw. erfolgt daher bei den Jungschuttgeschiebeherden.

Im Gegensatze zum Rinnenanbruche weist der Troganbruch oder die Schurfmulde (Abb. 7) einen mehr trogförmigen Querschnitt auf. Je zusammengedrängter die Wässer zur Abfuhr gelangen, um so kleiner werden die Krümmungshalbmesser der Querschnittlinie, bis schließlich die Zurundung der Sohle fast unmerklich wird und aus dem Troganbruche der Rinnenbruch hervorgeht. Die durch Hochwasserwirkungen entstandenen Schurfmulden nehmen in ihrem Verlaufe an Tiefe zu; die ihnen im Querschnitte ähnlichen, von Murgängen auf den Spitzenflächen von Schwemmkegeln (z. B. der Sautenser Mure im Oetztale) ausgehobelten, trogähnlichen, mehr oder minder tiefen Schläuche (Abb. 8, b, f) dagegen gehören entstehungsgeschichtlich zu den Keilanbrüchen, da sie nach unten zu immer seichter werden und schließlich an dem Punkte gänzlich verschwinden, wo die Ausgießung der Geschiebemassen aus dem „Schnabel" der Schurffurche im großem Maßstabe beginnt.

Die Muldenform der Sohle des Troganbruches geht zuweilen auch in eine trapezförmige über; so z. B. hier und da in sehr lockeren und daher leicht ausräumbaren Ablagerungen (z. B. Sande) der Hügelländer. Derartige Anbrüche kann man als Rachelanbrüche (Rachelblaiken,

Abb. 11. Racheln im Flußgebiete der Eger. Nach einer Aufnahme von S. Teller, Saaz; Sammlung des Geologischen Institutes der Technischen Hochschule in Wien.

Abb. 11) oder auch kurz als Racheln (s. Anm.) bezeichnen. Meist treten die Racheln gruppenweise auf (Rachelgruppen, Gruppenracheln); die Einzelracheln laufen annähernd von einem Punkte aus und verästeln

Anm. Abbildung und Begriffumschreibung in E. Doležal: Hand- und Lehrbuch der niederen Geodäsie 2, 331—332. Wien 1910. Nach Neuber (146) bedeutet jedoch der Ausdruck „Rachel" im Sächsischen einen Wasserriß im Acker (S. 289). Auf S. 64 und 119 bezeichnet Sonklar (147) Rachel und Regenriss als gleichwertig. Neuber (a. a. O. S. 300) sagt später, daß die „Racheln" tief in den Boden dringen, also wie ein Rachen sind, der sich im Boden öffnet; ihre seitlichen Abstürze sind in ihrer oberen Hälfte am höchsten und schroffsten; in der unteren nimmt ihre Höhe und gewöhnlich auch die Schroffheit rasch ab. Einer Reihe von Geländeformenkundlern und Ingenieuren folgend, halte ich jedoch die Begriffumschreibung von E. Doležal für zweckmäßig.

sich meist auch ihrerseits wieder. Im übrigen sind auch ihre Einfurchungen scharfgeschnitten; ihre Ränder verlaufen oft schartig, die Böschungen fallen steil zur mehr oder minder schmalen Sohle der Furche ab (vgl. die wilden, langen, weitverzweigten Racheln im Löß Chinas bei Davis (67), Taf. 11, S. 369). Die Verzweigungen der Racheln verlieren nach oben zu allmählich die Sohle, werden dreieckig im Querschnitte und gehen so in gewöhnliche Feilenanbrüche über. Somit bilden also auch die Racheln nur eine Unterform der Feilenanbrüche.

Es wurde bereits weiter oben darauf hingewiesen, daß die Feilenrunsen nicht selten gesellig auftreten. Je nach der Zahl der Kahlfurchen, die sich zu einer Gruppe mit gemeinsamer Wurzel verbinden, spricht man von Zwillings-, Drillings-, Vierlings-, Fünflings-, Viellings-Feilenanbrüchen und -Racheln.

Der Neigungswinkel der Feilenanbruchflanken hängt von der Standfestigkeit der Bergarten ab, in welche sie eingeschnitten sind; festgebackene Moränenmassen, dichtgelagerte, schichtungslose, trockene, schwach durch Sinter verbundene Schotter, söhlig gelagerte, feste Tegel mit geringem Porenraum usw. liefern gewöhnlich sehr steilhangige Feilenblaiken.

Die Weiterbildung der Feilenanbrüche.

Der Zwillings-Feilenbruch des Ecklbaches (Märzengrund, Zillertal) hat sich, wie bereits weiter oben erwähnt, am 29. Juli 1908 binnen kaum drei Stunden gebildet. Auch anderwärts hat man ein derartiges, plötzliches Aufreißen kleinerer und größerer Feilenrunste beobachtet. In anderen Fällen geht die Bildung von Feilenanbrüchen langsamer vor sich.

So wie die erste Anlage eines Feilenbruches plötzlich und gewaltsam, aber auch Schritt für Schritt und minder verheerend erfolgen kann, lassen sich auch bei der Weiterentwicklung der Feilenanbrüche zweierlei Vorgänge unterscheiden; die einen verlängern und vertiefen die Langblaike ruckartig in Zeiten starker Schurfarbeit, die durch mehr oder minder langwährende Ruhepausen unterbrochen ist, während die anderen in der Zwischenzeit zwischen zwei Schurfgroßleistungen mehr oder minder geräuschvoll an der Umformung der Böschungen des Anbruches arbeiten.

Es gibt zwar Fälle, wo die Schurfkraft eines Gerinnes sich in einem einzigen gewaltigen Feileneinrisse erschöpft; auf den ersten Ausbruch der Lockermassen folgt dann kein zweiter mehr; alle Vorgänge, die sich später noch im Anbruche abspielen, sind im Vergleiche zum Wüten des Wildwassers bei der Schaffung der Feilenanbruchform nur unbedeutende Nachfeilungsarbeiten, welche die Wiederberuhigung der Blaike nicht nur nicht hemmen, sondern sie vielmehr vorbereiten und fördern.

Zu diesen nicht ruckartig, sondern mehr stetig und still erfolgenden Umbauvorgängen in Feilenanbrüchen gehört vor allem das Nachbröckeln von locker gewordenen Baustoffen der Böschung; vom Froste angehoben, vom Regenwasser freigespült oder vom Winde verrückt, löst sich da und dort ein Steinchen von der Oberfläche der Blaikeneinhänge los, kollert die Böschung hinab und bleibt auf der Sohle der Feilenrinne liegen; Feinteilchen werden vom Regentropfenschlage und vom Hagel losgeklatscht und fortgeschwemmt; in nassen Zeiten rutschen kleinere oder gar größere Teile der übersteilen Böschungen ab und sammeln sich in der Tiefe an. Die Nachböschungsvorgänge sind selbstverständlich dort am lebhaftesten, wo Sickerwasser die Lehnen durchfeuchtet oder Massen den Hang aufbauen, die zwar im trockenen Zustande ziemlich standfest sind, bei starker Durchtränkung aber rasch ihren Zusammenhalt in hohem Grade verlieren. Alles, was dem Bestreben der Einhänge, ihren Neigungswinkel nachfeilend bis zur Dauerböschung herab zu vermindern, zum Opfer fällt, häuft sich in der Sohle des Gerinnes an, verbreitert sie, erhöht sie und rundet sie zu. Gar oft werden diese lose abgelagerten Jungschuttmassen ganz oder zum Teil die Beute des nächsten Bachhochganges; was aber einige Zeit hindurch ungestörter Ruhe sich erfreuen kann, besiedelt sich allmählich mit Pflanzenwuchs; von hier aus rücken die Vorposten des Lebens immer höher am öden Hange empor und heilen die Lücke im grünen Kleide des Berges allmählich wieder aus.

Die ruckweisen Weiterbildungen der Feilenanbrüche erfolgen in der Regel genau so wie der erste Einschnitt. Das Wasser sägt linig in die Tiefe und untergräbt so immer mehr und mehr den Fuß der Böschungen; übersteigt die nach abwärts drängende Teilkraft des unterhöhlten Hangprismas den Betrag des Zusammenhaltes der Lockermassen, dann rutscht das dreiseitige Prisma ab und seine Stoffe werden vom Wildwasser fortgeschleppt. Die abgeglittenen Massen hemmen somit nur eine kurze Zeitlang den Tiefenschurf und die Weiterbildung des Feilenanbruches; bald hat sich das Wasser wieder bis zur früher erreichten Tiefe durchgefressen und nimmt die unterbrochene Einnagung wieder auf; so wiederholt sich das Spiel der abwechselnden Tieferlegung der Sohle und des Nachgleitens der Böschungen im Laufe eines Bachhochganges oft viele Male, bis endlich die Abflußmenge wieder abnimmt. Die Vertiefung der Sohle rückt dabei von einem unteren Querschnitte nach aufwärts und erfaßt immer längere Laufstrecken. So schafft genau wie die erste Anlage auch jede folgende ruckweise Vergrößerung der Feilenblaike eine Rohform (Ungleichgewichtsform), welche in den Ruhepausen der eigentlichen Bruchbildung zufeilende Kräfte einer Art Dauerform anzunähern streben; gelingt dies nach kurzer oder längerer Zeit endlich, dann kann sich die Gleichgewichtsform begrünen und die Hohlform scheidet aus dem Stande der Blaiken und der Geschiebeherde aus.

Man muß somit bei der Beurteilung der Weiterbildungsfähigkeit der Feilenanbrüche unterscheiden zwischen den vergleichsweise harmlosen, mehr stetigen Umbauvorgängen im Rahmen der entstandenen Blaike selbst und den gefährlicheren, weil mehr Geschiebe erzeugenden ruckweisen, weiteren Eintiefungen, welche den Anbruch zu verlängern und mittelbar auch zu verbreitern suchen. In dieser Hinsicht gewinnt die Lage des Felsuntergrundes hohe Bedeutung für die Weiterentwicklungsfähigkeit der Feilenblaike; die Untersuchung der Schuttmächtigkeit sollte daher bei keiner Vorarbeit für die Verbauung eines Feilanbruches versäumt werden. Weitere Hinweise gibt ein genauer Längenschnitt des Wasserlaufes (vgl. S. 20); ohne diesen ist eine richtige Wertung der Eintiefungsstrecke, namentlich größerer Gewässer, nicht denkbar.

Greifen Feilenanbrüche rasch rückwärts, dann zerspalten sie sich in zahlreiche Äste und Fiedern, vergleichbar dem zarten Geäder der Gefäßbündel länglicher Blätter. Im Laufe des Rückwärtseinschneidens gewinnen die einzelnen Dreieckrunsen miteinander Fühlung; ein Kampf von Zwerggerinnen um die „Wasserscheide" beginnt, ein Kampf „aller gegen alle". Ein Teil der berüchtigten „Böslander" (bad lands) entsteht auf diese Weise. Anfangsstufen des Vorganges, der in nicht zu gebirgigen Gegenden allmählich weite Flächen mit seinem Runsennetze überspannt, zeigen Bilder bei Champsaur (3) (Taf. 4, Ansicht der rechten Ufers des Verdon bei Colmars, Taf. 9, Terrains de la formation des poudingues à galets impressionés, Taf. 11, Torrent de Poche), Martonne (81) (S. 639, Abb. 242, Pyramides du Ravin de Théus, près Gap), Braun (32) (Abb. 48, aus der Gegend von Monfestino), W. M. Davis (67) (Taf. 7, S. 284 aus Südkalifornien) usw.

Unter geeigneten klimatischen Verhältnissen kommen in Moränenmassen, aber auch in anderen, lockeren Ablagerungen, die von tiefen Feilenrunsen zerschnitten werden, die bekannten Erdpfeiler und Erdsäulchen zustande (Erdpyramiden, Riscos [span.], Pyramides de terre oder demoiselles [franz.]). Sie sind jedoch nicht auf Feilenanbrüche beschränkt, sondern wachsen aus allen Blaiken heraus, deren Hohlraum vom rinnenden Wasser unter den obengenannten Bedingungen zerschrundet wird.

Rasche Fortschritte machen die Feilenanbrüche im Löß; die vergleichsweise Standfestigkeit dieser Ablagerung gibt den Ausrissen zuweilen die Form von „Klammen" (Petites vallées aux versantes raides); auch Racheln begegnet man öfters im Löß (vgl. S. 17). Regenschluchten fehlen also selten in ausgedehnteren Lößgebieten, wie z. B. in China (Kan-sou, vgl. besonders die Abbildungen im Werke Richthofens über China), weiter in Südrußland (ouvragi oder balki), in der Walachei, in Ungarn und auch in Niederösterreich (Wagram). Die Verbauung der Lößrunsen findet meistens weder geeigneten Sand, noch Schotter oder anderen Baustein in der Nähe der Baustellen vor.

Die Verbauung der feilenbruchartigen Geschiebeherde.

Die geologische Bildungs- und Weiterentwicklungsweise der feilen-
artigen Anbrüche gibt im Vereine mit den Eigenartigkeiten des geologischen Aufbaues des Gebietes, in welchem die Blaiken liegen, bereits
einen Hinweis auf die Wahl der Maßnahmen zur Unschädlichmachung
dieser Geschiebeherde.

Die Erhebungen in den Feilenanbrüchen werden sich deshalb nicht
darauf beschränken dürfen, neben den hydrologischen Verhältnissen
die Räumigkeit (Tiefe, obere Lichtweite) der Blaike, ihre Länge und ihr
Sohlengefälle festzustellen. Es ist wichtig, die Art des Schuttes festzustellen, in welchen sich die Hohlform eingefressen hat; dabei ist es
von geringerer Bedeutung, welches Alter man der Bergart zubilligen
oder welchen wissenschaftlich richtigen, gesteinkundlichen Namen man
der Ablagerung geben soll; wichtiger ist es schon, die Art der Entstehung
der Ablagerung richtig zu erkennen (ob z. B. Grundmoräne, alter
Murschutt, Seitenmoräne, Seebändertone, Verwitterungslehm usw.);
denn die Bildungsweise eines Lockergesteins bestimmt in den meisten
Fällen — und zwar oft in hohem Grade — die technischen Eigenschaften der Ablagerung; und auf deren richtige Beurteilung kommt es bei
der Verbauung des Anbruches in erster Linie an. Vor allem muß Standfestigkeit (Verbandsfestigkeit), Wasseraufnahmefähigkeit, natürlicher
Wassergehalt (Erdfeuchtigkeit) und Wetterbeständigkeit (Frostaufzüge,
Trockenrisse usw.) richtig beurteilt werden; auf diese Eigenschaften
haben Scherfestigkeit, Kornzusammensetzung, Bildsamkeit und Porenraum (Porenziffer) der Ablagerung hohen Einfluß; es würde sich daher
empfehlen, die Verfahren der neuzeitlichen Baugrund- (Boden-) Untersuchung auch im Verbauungsdienste anzuwenden und die baulichen Maßnahmen den Ergebnissen der bodentechnischen Prüfungen anzupassen.
Auf der festen Grundlage der Baugrundgeologie fußend, wird die Verbauung der Geschiebeherde sicher Erfolge mit wirtschaftlicheren Mitteln
erzielen können als ohne sie.

Dort, wo die Beschaffenheit der Ablagerung im Längenverlaufe des
Feilenanbruchs wechselt, wäre dies im Lageplan der Blaike zu vermer-
ken; meist wird der Wechsel des Baustoffes für das geübte Auge schon
aus den Umrißformen der Blaike zu erkennen sein. Wo die Bodenver-
hältnisse verwickelt sind, wird es ratsam sein, dem technischen Lageplan
überhaupt einen geologisch-bodenkundlichen beizufügen. Liegen im
Querschnitt des Anbruches mehrere, technisch verschieden sich ver-
haltende Bergarten übereinander (vgl. z. B. Abb. 6), dann muß man
auch die Beigabe geologischer Querschnittbilder empfehlen; stets ist
auch ein geologischer Längsschnitt von Nutzen. In diesen und in die
Querschnittbilder wäre natürlich auch die Lage des Felsuntergrundes
unter den Lockermassen einzuzeichnen; bei größerer Mächtigkeit des

Altschuttes kann dies nur schätzungsweise geschehen; weisen jedoch verschiedene Beobachtungen in der Blaike darauf hin, daß der Fels da oder dort in Sohle oder Flanken des Anbruches in geringer Tiefe zu erreichen sein könnte, so würde es sich gewiß verlohnen, die Lage des Felsuntergrundes an allen wichtigen Punkten auf billige Art durch Schürfungen (Probegruben, Proberöschen, Handbohrungen usw.) einwandfrei festzustellen; denn es wäre unverantwortlich und gewagt, in Unkenntnis der Seichtlage der Felssohle ein höheres Querwerk auf Schutt zu gründen, wenn sich 1—2 m tief unter der Gründungssohle gewachsener Fels vorfindet, der alle erforderlichen Sicherheiten bietet.

Aus dem Lageplane des Feilenanbruches müssen auch alle jene Örtlichkeiten zu entnehmen sein, wo Quellen in den Einhängen auftreten, oder überhaupt Wässer linig oder flächenhaft aussickern; denn die Wasserverhältnisse der Blaikenböschungen beeinflussen entscheidend die Standsicherheit der Lehne.

Wenn auch jeder Feilenanbruch — wie überhaupt jede Blaike — als ein Einzelwesen betrachtet und daher vom Ingenieur seinen Sondereigenschaften gemäß für sich behandelt werden muß, lassen sich doch einige allgemeinere Winke für die Unschädlichmachung der Feilenblaiken geben.

Die Feilenanbrüche erfordern zu ihrer Befestigung eine Brechung der Schurfkraft des Wassers und damit eine regelrechte Abtreppung des Gerinnes. Bei starker Sohlenneigung kann unter Umständen in wasserarmen Runsen die Ausschalung vorgenommen werden; doch muß in diesem Falle für starke Stützgurten Sorge getragen werden; auch muß man sicher sein, daß in Hinkunft größere Lehnenrutschungen unterbleiben, welche die Schale verlegen könnten. Begrünungsmaßnahmen treten in ihrer Bedeutung gegen die baulichen sehr zurück und müssen sich auf die oberen Teile der Bruchflanken beschränken. Nur dort, wo die Blaiken sehr hoch hinauf reichen, wird es nötig sein, der Natur durch künstliche Berasungen und Bebuschungen zu Hilfe zu kommen.

Die Begrünungsarbeiten gelingen am leichtesten unter dem Schutze von niedrigen, etwa auf Spreitlagen und Holzroste gesetzten Lehnenmauern (gradini in muratura), Flechtwerken (graticciate, viminate) und Spreitlagen (banchettoni); man vergleiche die sorgfältigen Wiederbebauungsarbeiten der Franzosen (Abbildungen bei Eugène de Gayffier, Reboisement et Gazonnement des montagnes, z. B. betreffend den Périmètre du Val du Bastan, Hochpyrenäen oder Périmètre de St. Pons, Niederalpen) und Italiener (Principi (17) Abb. 337, S. 586, Abb. 339, S. 587, Abb. 340, S. 588 und Abb. 341, S. 588).

Feuchte Stellen der Lehnen müssen entwässert werden, weil sie sich sonst schwer oder gar nicht beruhigen und immer wieder zum Ausgangspunkt von Bodenbewegungen werden.

Hat man sich für die Staffelung entschieden, so berechnet sich die verhältnismäßige Werkshöhe nach der eingetretenen Sohlenvertiefung, welche eben — soweit als tunlich — durch eine gleich kräftige Sohlenhebung wieder wettgemacht werden muß. Dementsprechend muß der tiefste Punkt eines Feilenanbruches durch ein besonders kräftiges Querwerk gestützt werden, während nach oben zu die Höhe der Bauten allmählich abnehmen kann. Die tunlichst kräftige Hebung der Sohle ermöglicht nicht bloß eine Verbreiterung des Abflußquerschnittes und damit eine Schwächung der Schurfkraft des Wassers, sondern bietet auch den von den Einhängen herabbröckelnden und herabrutschenden Massen Raum zur gesicherten Ablagerung (Abb. 12) und verhütet so, daß dieser Jungschutt wieder von den nächsten Hochgängen weggeführt wird.

Schurfrinnen und Schurftröge bedürfen, wenn man sie überhaupt sichern muß, im allgemeinen annähernd gleich hoher Querwerke zu ihrer Verbauung; ihre Höhe kann in der Regel gering sein, da ihr vornehmster Zweck meist nicht so sehr in der Hebung der Bachsohle, sondern in deren Befestigung gegen Wasserangriffe liegt (Abb. 15). In tieferen, derartigen Schurfrunsen wird zuweilen auch der Einbau von Längswerken (Leitmauern, Böschungspflaster usw.) ratsam sein. Seichte Schurfrunste werden häufig ausgeschalt. Racheln erheischen wegen ihrer im Verhältnisse zu den echten Feilenanbrüchen breiten Sohle lange Querbauten; ihre Höhe hängt natürlich bis zu gewissem Grade auch von

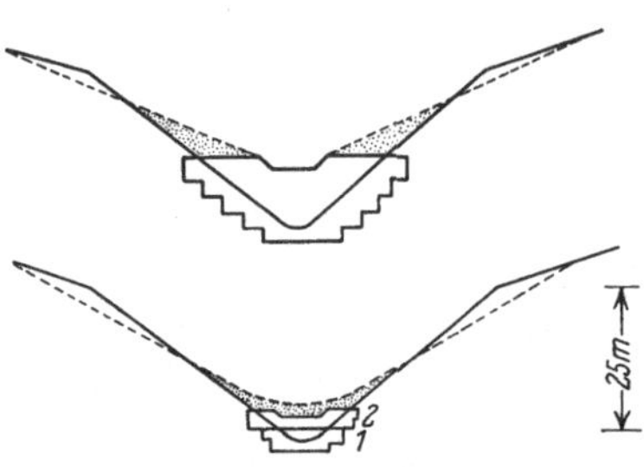

Abb. 12. Tiefe Feilenanbrüche werden vorteilhafter durch hohe Querwerke (oben) als durch niedere Grundschwellen (unten 1) gesichert. Die Verschüttung der niedrigen Querwerke zwingt zu fortwährender Erhöhung (2) der Bauten. An den Abflußraum der höheren Talsperre (oben) schließen sich Leitwerke an, welche das Wasser gut führen und den Böschungsfuß gut schützen.

der Tiefe des Einrisses ab; doch kann hier zuweilen der für die Nachböschung der Flanken erforderliche Raum auch zwischen den Flügeln der Querwerke gefunden werden, so daß man sie weniger hoch zu halten braucht als bei den dreieckquerschnittigen Feilenanbrüchen; dafür wird aber häufig die Verbindung der Querwerke durch Längsbauten (Flechtzäune, Leitwerke usw.) nötig; auch wird bei den Racheln der Begrünung der Kahlflächen ernste Beachtung und liebevolle Sorgfalt zu schenken sein (Abb. 13).

Gut gelungen ist die Verbauung der 321 Rachelrunsen der Gegend von Rakonitz (Innerböhmen), die uns F. Wang (26) ausführlich geschildert hat. Sie waren in feinkörnige, tonhaltige und deshalb leicht zerfallende rot gefärbte Sandsteine, Konglomerate und Schiefertone des Rotliegenden (Unterperm) eingerissen. Die Sohle der Racheln war meist mit Witterschutt bedeckt, ihre fast lotrechten Einhänge dagegen bildete bröckliger Fels; sie sind daher Übergangsgebilde zwischen Lockermassen- und felsigen Rachelrissen zu nennen. Als Baumittel dienten vornehmlich lebende Querflechtwerke in mehreren Lagen übereinander, seltener gemauerte Querbauten; die Einhänge wurden abgeböscht und entweder verflochten oder berast (Auflegen von Rasenplaggen oder Besamung). Die Beruhigung der Trapezrunsen trat meist schon im dritten oder vierten Baujahre ein (vgl. auch Abb. 11 und 13).

Die Art der Verbauung von Feilenblaiken zeigt u. a. der Plan des Sammelgebietes des Rivo Prebec in der Gemeinde Chiana, Piemont, den Principi(17) auf S. 591 wiedergibt (außerdem Abb. 343, S. 592 und Abb. 344, S. 393), jener des Stollenholzgrabens bei Lachen (siehe Salis[18]),

Abb. 13. Verbauung von Racheln bei Senomaty, unweit Rakonitz, Böhmen. (Nach einer Aufnahme von Benda, Prag.) Lichtbildersammlung des Geologischen Institutes der Technischen Hochschule in Wien.

der sog. Schwandschlieren bei Alpnach (Schweiz; vgl. Salis[18], H. 1, Taf. 31), der Runsen von Rata, Chasselièvre usw. im Wildbach von Bourget (Demontzey[6]) u. a. m. Die Verbauung der Feilenblaiken muß am unteren Schurfende beginnen und nach oben zu fortschreiten; diese Reihenfolge der Bauten ist die allein naturgemäße; sie entspricht der Entstehung der Anbrüche durch Rückwärts-Eintiefen des Wassers und verhindert eine Zerstörung von planlos und ohne entsprechenden Zusammenhang miteinander eingebauten Werken. Die Durchflußöffnung der Quermauern kann trapezförmig gestaltet werden (Abb. 12), wenn ein engeres Zusammenhalten des Wasserlaufes aus einem gewissen Grunde wünschenswert erscheint; ergänzt man die Seitenböschungen des Überfalles nach oben durch Leitwerke, dann schützt man die Flankenfüße in bester Weise. Im allgemeinen befriedigen aber sanft hochgezogene Sperrenflügel mehr (Abb. 15).

Ein rasch sich entwickelnder, kurzer, aber sehr breiter rautenförmiger Anbruch war der Hauptgeschiebeherd der berüchtigten „Schwarzen Nolla“, welche, mit der „Weißen Nolla“ vereint, bei Thusis (Schweiz) in den Hinterrhein mündet. Die Sohle der Feilenblaike wurde mittels hoher Sperrmauern gehoben; eine weitere Brechung der Eintiefungskraft des Baches erzielte man dadurch, daß man den Wasserlauf oberhalb des Eintiefungsendes des Anbruches ausleitete und mehrere Kilometer weit abseits der Blaike über sicheres Gelände dem Maidlibache zuführte (Salis 18).

Es bedarf noch einer kurzen Begründung, warum für tiefe Feilenblaiken hohe Querwerke empfohlen werden; denn man hat aus Ersparungsrücksichten da und dort versucht, mit niedrigen Grundschwellen das Auslangen zu finden. Dabei dachte man einzig und allein an die Befestigung der Sohle, die ja an sich auch durch eine entsprechend große Zahl kleiner und billiger Schwellen erreicht werden kann. Man darf aber nicht vergessen, daß der Feilenanbruch die frühere Bachsohle keinesfalls verbreitert, sondern in der Regel nur noch mehr verschmälert und die abfließenden Wassermassen auf engem Raume zusammengedrängt hat. Eine Verteilung der Abflußmengen auf breitere Flächen und damit eine Schwächung der Wucht des Wildwassers ist aber nur möglich, wenn man die Sohle entsprechend hebt und auf diese Weise gleichzeitig verbreitert; dies ist besonders dann wichtig, wenn von obenher irgendwie nennenswerte Geschiebemengen die Feilenanbruchsstrecken durchrollen; dann werden höhere Querwerke, welche die Wasserwucht brechen, mit ihren breiten Abflußräumen zur Zurückhaltung des durchziehenden Geschiebes ganz wesentlich beitragen. Daß der Gründung und Sicherung des unteren Abflußwerkes ganz besondere Sorgfalt gewidmet werden muß, versteht sich wohl von selbst; gibt es ja doch dem ganzen darüber befindlichen Verbauungswerk Stütze und Halt; seine Zerstörung kann auch jene vieler höher gelegener Werke nach sich ziehen.

Wichtige Dienste leisten ferner höhere Querbauten bei der Festhaltung und Festigung des Schuttes, den die einer Dauerböschung zustrebenden Flanken (vgl. auch Abb. 12 und 14) zur Sohle herabsenden. Niedrige Querbauten werden rasch verschüttet; man kann sie zwar immer wieder erhöhen, oder in die aufgelandete Sohle zwischen den alten Grundschwellen neue einbauen, doch verteuert man in der Regel mit einer erheblichen Verlängerung, ja Vervielfachung der Bauzeit auch die Baukosten. Weit mehr fällt jedoch die Möglichkeit ins Gewicht, daß man aus irgendwelchen Gründen die Erhöhung nicht rechtzeitig vornehmen kann; dann reißt das nächste Hochwasser wieder viel Geschiebe mit und die geängstigten Anrainer auf dem Schwemmkegel verlieren das Vertrauen zum gewählten Verbauungsverfahren. Noch schlimmer ist es, wenn Ausschreitungen der Niederschläge die Nachböschung der ungesicherten Flanken beschleunigen; die abgleitenden Massen verschütten die Grundschwellen, stauen den hochgehenden Bach auf, werden schließlich durchbrochen und fahren als verderbenbringende Mure zu Tal; es wäre nur ein Zufall, wenn das sich einsägende Wasser die alte, durch die Abflußräume der Grundschwellen ausgerichtete Sohle wiederum fände; in

Abb. 14. Hohe, das Wasser verteilende und den Schutt zurückhaltende Talsperren im Rion bourdoux (Ubaye-Tal) bei Barcelounette (Basses Alpes). Nach einem Lichtbilde der Sammlung des Geolog. Institutes der Techn. Hochschule Wien.

vielen Fällen werden die durch die Flankenrutschungen aus ihrer Bahn geworfenen Hochwässer seitlich des früheren Talweges einschneiden, da und dort die Flügel der Schwellen umgehen und vielleicht auch die Grundschwellen selbst unterkolken und mitreißen.

Die höheren Querwerke dagegen bieten vor ihren Flügeln und überhaupt in ihrem Verlandungsraume (vgl. auch Abb. 14) den Massen genügend Raum, welche von den Flanken des Anbruches abbröckeln müssen, bis sie sich in ein gewisses Gleichgewicht eingestellt haben und sich begrünen können.

Die französischen Wildbachverbauer haben höhere Talsperren mit größtem Erfolge auch in weniger tief eingefurchten Feilen- und sonstigen Anrissen eingebaut. Die Taf. 8 des Werkes von M. Kuss (43) (Torrent de

Nant trouble), zeigt deutlich das Bestreben der französischen Ingenieure,
höhere Querwerke zu errichten, ihre Flügel mit sanftem Anstiege von
der sehr breiten Abflußöffnung hoch emporzuziehen und tief und gut
gesichert in den Hang einzubinden (vgl. auch Abb. 14); eine Vorsperre,
allenfalls auch Gegensperre mit Vorsperre schützen das Sturzbett; alle
Maßnahmen trachten die Sohle kräftig zu heben, sie so stark als möglich
zu verbreitern und so Ablagerungsräume zu schaffen, welche wirksam
das Geschiebe zurückhalten.

Abb. 15. Niedrige Quermauern im Wurnitzgraben bei Oberdrauburg, Kärnten. Die mäßige Einrunsung ließ hohe Talsperren vermeiden; man beachte die wasserverteilende, verhältnismäßig große
Breite der Abflußräume der Krone und die hoch, aber sanft aufgezogenen Flügel. Lichtbildersammlung des Geologischen Institutes der Technischen Hochschule in Wien.

Ähnlich hohe Querwerke wenden die Italiener da und dort an (vgl.
die Wiedergabe eines Lichtbildes, das Prof. Dr. F. Sacco vom Selegebiet
aufnahm, bei Principi (17), Abb. 337, S. 586 und die Sperrmauer im
Burrone del Nebius, Abb. 335, S. 583).

Dieses Verbauungsverfahren verlangt allerdings sorgfältigere Sicherung des Vorfeldes und sodann in vielen Fällen auch die Führung des
Wassers zwischen Leitwerken irgendwelcher Art, weil die Zwischenstrecken
zwischen den Querwerken um so länger werden, je höher man die Sperren
baut; in langen, ungeschützten Zwischenstrecken fände aber das Wasser
Gelegenheit, Schlingen zu werfen und die Böschungsfüße anzugreifen.

Die größere Sicherheit, die höhere Querwerke bieten, und ihre erhöhte
Wirksamkeit haben, wie bereits erwähnt, schon vor Jahrzehnten die
französischen Wildbachverbauer richtig erkannt. Auch in Tirol haben
sie sich gut bewährt; hier wurden sie namentlich durch die Ingenieure
Andreas Scheitz und Georg Strele mit Erfolg in zahlreichen Wildbächen angewendet. Die Gegner der höheren Talsperren weisen mit
Unrecht gern auf die Verbauung des Riedbaches (Zillertal, Tirol) hin,
welche mit Hilfe der sog. „Isserischen“ Prügelschwellen bewirkt wurde;
man mußte hier aber vielfach mehrere Lagen dieser niedrigen Holzwerke
übereinander setzen, um sich des von den Bruchlehnen herabströmenden
Schuttes erwehren zu können.

3. Die Keilanbrüche.

Dort, wo ein Gießbach über eine Felswand oder eine steile Felsstufe
mit gewaltiger Bewegungsgröße auf lockeren Schutt herabstürzt, da
schlägt das mit großer Wucht begabte Wasser einen tiefen Kolk aus und
schiebt erhebliche Geröllmassen talabwärts; die seitlichen Lockermassen
brechen nach, fallen in den Kolk und werden aus diesem wieder ausge-
strudelt; jedes folgende, stärkere Hochwasser vertieft die Wirbelgrube,
bis sie so tief geworden ist, daß sich die Wucht des größten, eintretenden
Hochganges in ihr zu brechen vermag. Es entstehen so Anbrüche, welche
an ihrem oberen, an das Felsgeschröffe anschließenden Ende am tiefsten
und breitesten sind, nach unten zu aber immer schmäler werden (Abb. 4)
und schließlich in den mehr oder minder regelmäßigen Bachrunst oder
in die Schwemmkegelspitze übergehen. Während die Feilenanbrüche
das Ergebnis eines nach unten zu immer mehr gesteigerten, an Wirksamkeit zunehmenden Tiefenschurfes sind, erzeugt die Keilanbrüche eine
allmählich ersterbende, abnehmende Schurfkraft. Wir stoßen somit hier
auf eine ganz ungewöhnliche Wirkungsart des Wassers; nicht „rückwärts-
schreitender“ Schurf meißelt die Keilblaiken aus, sondern die vorwärts-
stoßende, von oben her nach unten zu „abhobelnde“ oder „einfräsende“
Tätigkeit des Wassers, dessen Stoßkraft auf seinem Wege erlahmt.

Die Keilblaiken verdanken somit jenen Wirbelwalzen ihre Entstehung,
welche unterhalb von Wehren, Talsperren und ähnlichen künstlichen
Schwellen die bekannten „Kolke“ (Tumpfe, Strudellöcher usw.) erzeugen.
Man könnte sie daher auch „Kolke“ schlechtweg oder „Kolkanbrüche“
nennen. Ihre Übereinstimmung mit den Kolken unterhalb von natürlichen oder künstlichen Wasserfällen drängt sich jedoch dem Auge nur
dort auf, wo tatsächlich jähe, nach unten zu einspringende Gefälls-
wechsel vorhanden sind (Abb. 4 und 16). Dann sind die Keilanbrüche
verhältnismäßig kurz und breit und erwecken im Beobachter tatsächlich
den Eindruck eines „Kolkes“. Dieser fehlt oder wirkt weniger sinnfällig,

wo der Wechsel zwischen widerständigem und nichtwiderständigem
Bette oder der Knick im Sohlengefälle weniger jäh erfolgt. Wo z. B.
Felsschluchten auf Schwemmkegel ausmünden, trifft auch nicht selten
geschiebeärmeres Hochwasser oder selbst eine Mure mit großer Wucht
auf Lockermassen geringeren Gefälles; fällt die Kegelerzeugende nicht

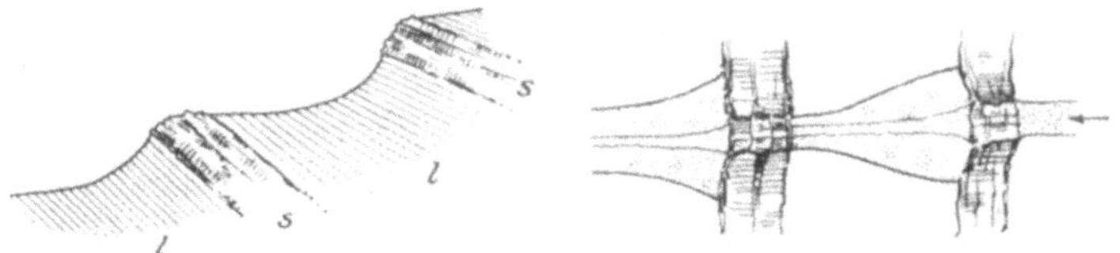

Abb. 16. Keilanbrüche in Bachstrecken, welche in leicht ausräumbare Schichten
(*l*) eingesenkt sind; in dem schwer ausräumbaren Gestein *s* erlangt das Wasser
die zur Erzeugung der „Kolkstrecken" (Keilblaiken) nötige Wucht.
Links: Längenschnitt; rechts: Draufsicht.

besonders steil ab, dann kann sich der Wasserlauf mehr oder minder tief
in die Spitze des Schwemmkegels eingraben und einen Keilanbruch
von trogähnlichem Querschnitte („trogähnlicher Keilanbruch") erzeugen, der selbst dann, wenn er sehr langgestreckt ist, das allmähliche
Zusammenstreben seiner Randlinien nicht verkennen läßt.

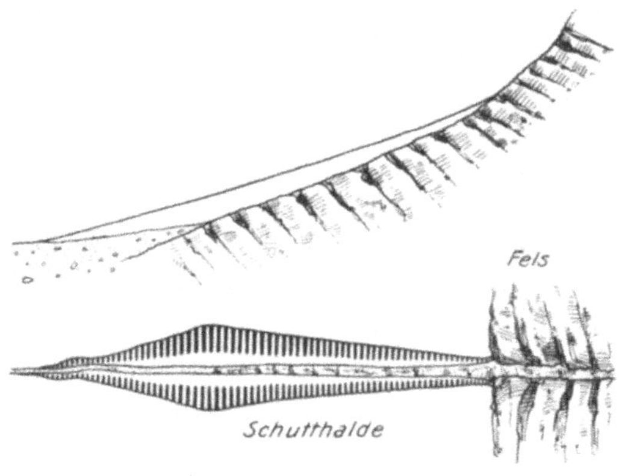

Abb. 17.
Rautenanbruch (oben: Längenschnitt; unten: Grundriß).

Die Form der Keilblai-
ken gleicht somit von unten
oder von der gegenüberlie-
genden Talseite aus gesehen,
einem annähernd gleich-
seitigen, auf seine Spitze
gestellten Keile; daher auch
die Bezeichnung „Keilan-
brüche". Ungleichheiten
des Baustoffes und der
Form des Hanges, in den
sie sich einhöhlen, scharten
zuweilen den Rand der Keilblaike aus; nimmt sie zu-
dem stark langgestreckte
Gestalt an, dann ähnelt sie mehr oder minder einer Keule (Keulenanbruch).

Die Ausbildung der Keilblaiken hängt natürlich sehr von der Beschaffenheit der felsigen Steilstrecke oberhalb ab; diese ist maßgebend
für die Größe des Arbeitsvermögens, welches das Wasser dann unten
in den Lockermassen entwickeln kann. Weiter ist die Mächtigkeit der
Schuttmassen im zukünftigen Blaikenraume von Belang. Dünnere
Schuttdecken werden bald durchstoßen; das Wasser legt dann rasch
den Fels bloß, welcher die Weiterbildung des Anbruches verhindert

(Abb. 17) und die baldige Begrünung der Einhänge der Keilblaike gestattet; das Zuwachsen der Lehnen findet natürlich auch bei mächtigeren Schuttmassen dann statt, wenn sich der Kolk bis zur Felsunterlage durchgearbeitet oder dem Bache sonstwie eine beständigere Sohlenlage gegeben hat. Aus dem nackten Anbruche entsteht dann ein grasiges oder bewaldetes „Keiltälchen" oder eine „Keilfurche", wenn die Hohlform kleiner ist; solche bewachsene, selten etwas Geschiebe führende Keilfurchen zeigt z. B. die Lehne des Emberges nördlich von Bruck an der Mur unterhalb des Gehöftes „Jörgl am Eck"; in die waldtragenden, quarzitischen Grauwackenschiefer hat sich das den Hang herablaufende Niederschlagswasser nur wenig eingerunst; wo die Trockenrunsen jedoch auf den Schuttfuß des Hanges stoßen, haben sie zwar kleine, aber mustermäßige, auf die Eiszeitnagelfluhflur ausmündende Keilanbrüche (Abb. 18) ausgeschlagen, die nunmehr berast und zu Keilfurchen geworden

Abb. 18. Drei verwachsene Keilanbrüche (im Bilde von der Mitte bis rechts) in den Wiesengründen oberhalb des Lamingtalgrundes bei Berndorf (Bruck a. Mur, Obersteier); das mittlere Keiltälchen trägt Rasendecke, die beiden andern haben sich bebuscht. Darüber der steile Waldgürtel unterhalb des Jörgel am Eck. Eigenaufnahme 1930.

sind. Im Falle des Embergsüdhanges war allerdings weniger die Bloßlegung des Felsens in der Blaike selbst die Ursache der Berasung, sondern hier hat vielmehr die Erreichung des natürlichen Gleichgewichtsgefälles der Blaikensohle den Tiefenschurf beendet.

Die Bloßlegung des Felsuntergrundes stört häufig die regelmäßige Entwicklung des Keilanbruches und verursacht abweichende Blaikenformen. So ist z. B. der Bannholzgraben, der östlichste unter den sog. „Nerntalgräben" bei Stanzach im Lechtale kein reines Beispiel mehr für einen mustermäßigen Keilbruch, weil im Hintergrunde seines gewaltigen Anbruches in den Flanken bereits Fels zutage tritt (Abb. 4).

Der Bannholzgraben liegt während des größten Teiles des Jahres trocken; auch in den Anbrüchen fehlen Sickerwässer und Quellen durchwegs. Wenn aber im Gebiete der Mittagsspitze (2237 m) Regenschauer niedergehen oder Hochgewitter losbrechen, dann schießen nicht unbedeutende Wassermengen über die jäh abstürzenden Hauptdolomitwände des Bergklotzes mit großer Geschwindigkeit hinab. Am Fuße der schroffen Felshänge mit beträchtlicher lebendiger Kraft angelangt, wühlen sie dann den vorgelagerten, lockeren Schutt auf und wälzen durch eine enge, im Mittel 4—5 m tiefe Schurfrinne mit rund 30 vH Sohlengefälle kleine Murgänge auf die fruchtbaren Wiesengründe der Gemeinde Stanzach. Der Keilanbruch, der sich auf diese Weise in den Altschuttmassen unter der Mittagsspitze entwickelt hat, maß im Jahre 1907 gegen seinen felsigen Hintergrund zu etwa 20—30 m Höhe; in seiner unter etwa 50 vH geneigten Sohle tritt da und dort brüchiger, ton- und bitumenhaltiger Hauptdolomit zutage. Ähnlich sind auch die übrigen westlichen Keilblaiken der Nerntalgräben ausgebildet.

Nach den Abbildungen, die Salis (18) (H. 2, Taf. 49—52) bringt, möchte ich auch die große Blaike im Lauibach bei Lungern, Schweiz, zu den Keilbrüchen rechnen, deren regelmäßige Ausbildung durch den Wechsel der Hangbaustoffe gestört wurde. Prächtige schmale langgestreckte Keilbrüche durchfurchen die Gehängschuttmassen der Abb. 172, S. 476 des Werkes von Rovereto (90); sie schließen an Wittermuscheln in brüchigem Fels an.

Wo der Fels mit sanft geneigter Oberfläche unter die Schuttmassen taucht, kann er auf längere Erstreckung freigelegt werden; dann nehmen die Anbrüche, wie bereits auf S. 28 bemerkt, spitzrautenförmige Umrisse an (Abb. 17) und verdienen die Bezeichnung „Rautenanbruch". Sie gehören nach ihrer Entstehungsweise noch zu den Keilblaiken; denn auch sie hat die Stoßkraft des abschießenden Wassers gleichsam aufgepflügt; ihrer äußeren Form nach schlagen sie aber schon die Brücke zu den Feilenanbrüchen hinüber, und dies um so mehr, je kürzer und gedrungener das untere Dreieck des Rautenumrisses im Vergleiche zum oberen, spitzen Dreiecke wird. Eine gewisse „Rautenform" können übrigens auch echte Feilenanbrüche dann annehmen, wenn die Geländeverhältnisse dem spitzen Dreiecke der „Feile" nach unten zu zum Ausgleiche noch ein längeres „Dreieck" anfügen. Die erzeugende Kraft der ganzen „Raute" ist aber hier der rückwärtsschreitende Schurf.

Weiteren Einfluß auf die Ausbildung der Keilanbrüche gewinnt auch die Beschaffenheit des Schuttes, in welchem sich das über die Steilstufe herabstürzende Wasser eingräbt. Je grobblockiger er ist, um so eher bricht er die Gewalt des abschießenden Strandes. Feinkörnige Ablagerungen werden leicht ausgehöhlt und beschleunigen so in aller Regel das Wachstum der Hohlform; doch gibt es auch Ausnahmen; festgelagerter Ton, schlammreiche Grundmoränen usw. leisten der Ausräumung weitaus zäheren Widerstand als z. B. Sand oder Grus; die Haftfestigkeit ihrer Teilchen bremst die Schurfwirkung und begünstigt die Formung von Hohlgestalten, welche jenen in festem Fels ähneln (Strudellöcher, Strudelkessel, schluchtähnliche Rinnen usw.). Von den bodentechnischen Eigenschaften der auszuräumenden Ablagerungen hängt weiter die

Steilheit der Flanken des Keilanbruches und damit mittelbar auch seine obere Lichtweite an der Stelle ab, wo er sich an das Hintergehänge anlehnt.

Schließlich befördern oder hemmen auch die Formen der Schuttvorlagerung die Ausbildung der Keilblaiken und bestimmen ihre Gestalt. Hoch am Hange emporziehende und deshalb wohl auch gleichzeitig mächtige Schutthalden und Schuttpulte begünstigen die Herausbildung echter, mustermäßiger Keilanbrüche, wie sie z. B. oberhalb Ehrwald (Tirol) unter dem Felsgemäuer der Zugspitzmasse zu beobachten sind (Lähngraben bei Ehrwald). Bescheidener sind die Keilanbrüche in kleinen, steilen Schwemmkegeln unterhalb von Wasserfällen (Zappernitzbach westlich von Nikolsdorf im Drautale, Osttirol) oder von Gefällschroffen (Alpengraben im Offenseegebiet); langgestreckt und beim ersten Zusehen oft nicht gleich als Keilanbrüche erkennbar sind die trogquerschnittigen Schurfschläuche auf großen, sanfter abdachenden Schwemmleibern (z. B. Sautenser Mure bei Sautens, vorderes Oetztal, Abb. 8).

Wie bei den Feilenanbrüchen, so besorgt auch bei den Keilblaiken das schürfende Wasser die erste, grobe Zurichtung, unterstützt von den Nachbrüchen der unterwaschenen Flanken. Viele Keilanbrüche liegen, wie z. B. die Nerntalgräben bei Stanzach, den größten Teil des Jahres trocken da; andere führen in Trockenzeiten nur ganz spärliche Wasserfäden. Während dieser Ruhepausen in der Schurftätigkeit des Wassers bosseln andere geologische Kräfte, wie die Austrocknungsrisse, der Frost, das Kammeis, die aufklatschenden Regentropfen, Hagelschauer, Rutschungen usw. an der Feinformung des Anbruches und der Herstellung von Gleichgewichtsböschungen. Der von den Flanken abgelöste Schutt häuft sich längs der Hangfüße in der Blaikensohle an und wird von den Hochwässern ähnlich abgeführt, wie dies bei den Feilenanbrüchen bereits geschildert wurde. Dies enthebt mich der Pflicht, auf den ruckweisen und den mehr stetigen Umbau der Keilanbrüche noch näher einzugehen.

Die Verbauung der Keilblaiken kann den Ingenieur vor eine undankbare Aufgabe stellen. Denn es gilt hier vor allem, die Vergrößerung des Kolkes (s. Anm.) durch Vorsetzung eines höheren Querwerkes und Erzeugung eines dauerhaft begrenzten Tosbeckens, in welchem sich das Wasser totfallen und beruhigen kann, wirksam zu hindern. Setzt man nun die Sperre zu nahe an die Aufprallstelle des Strahles heran, so läuft das Bauwerk Gefahr, von den Wirbeln des Kolkes unterwaschen zu werden. Man muß also den Bauplatz für die Talsperre sorgfältig auswählen. Für die Gründung des Querwerkes steht in den seltensten Fällen Fels

---

Anm. Bezüglich der Theorie der Kolkbildung sei auf das Büchlein von Ing. Dr. techn. K. Riediger (89) verwiesen.

zur Verfügung; man wird es daher durch Einbau von Gegensperren und Vorsperren sorgfältig gegen Unterkolkung durch die über die Sperre stürzenden Wasser- und Geschiebemassen schützen müssen. Nach abwärts zu genügen für die Versicherung der Blaike an Höhe immer mehr abnehmende Querwerke, entsprechend der mäßiger werdenden Eintiefung des Anbruches; in dem seichten Auslaufrunste wird man sogar mit ganz niedrigen Grundschwellen das Auslangen finden; hier hätten höhere Querwerke schon deshalb keinen Sinn, weil ja in dieser Strecke nur die Sohle eines Schutzes bedarf und ein Überlaufen des Rinnsales, verbunden mit seitlichen Ausbrüchen, unbedingt vermieden werden muß. Mit niedrigen, gemauerten Grundschwellen von 0,8 bis etwa 3 m Höhe wurde der bis zu etwa 8 m tiefe Keilschlauch auf der Spitze des Sautenser Schwemmkegels („Sautenser Mure") in den Jahren 1903 bis 1905 insofern mit Erfolg verbaut, als die planmäßige Abstaffelung des Schurftroges die weitere Geschiebeentnahme in dieser Strecke wirksam verhinderte.

Die Keilanbrüche sind somit auch vom Standpunkte der Verbauung aus gleichsam die Umkehrung der Feilenanbrüche; nimmt in letzteren sinngemäß die Höhe der Querwerke nach oben zu ab, so wächst sie in den Keilanbrüchen mit zunehmender Blaikentiefe bis zum oberen Abschlußwerk. Die Verbauung soll aber auch in den Keilanbrüchen von unten gegen oben zu fortschreiten; die entgegengesetzte Reihenfolge der Bauten würde die höheren gefährden.

Örtlich kann auch die Ausschalung der unteren Teile des Keilanbruches am Platze sein; in den oberen Teilen schließt schon die Steinschlaggefahr derartige Maßnahmen aus.

Wo die Keilanbrüche in kleinstückige bis grusige Schutthalden eingehöhlt sind, wie z. B. in den Gebieten von Zerrüttungs- und Quetschstreifen, im zerhackten Dolomit (Nerntalgräben bei Stanzach) usw., oder wo sie im Verwitterungsschutte mürber, leicht zerbröckelnder Gesteine (Phyllite, glimmerreiche Glimmerschiefer, Werfener Schiefer, Lunzer Sandstein usw.) liegen, mangelt es oft an geeignetem Baustein für gemauerte Sperren. Die Ausführung der Bauwerke in Beton stößt dort auf Schwierigkeiten, wo, wie z. B. in den Nerntalgräben, die Blaiken den größten Teil des Jahres über trocken daliegen. Da ist man dann meist auf die abfließenden Schneeschmelzwässer und die tauenden Lawinenreste zum Waschen des meist ja reichlich vorhandenen Sandes und Gruses und zum Bereiten des Betons angewiesen. In manchen Fällen kann wenigstens für das obere Abschlußwerk Baustein aus dem felsigen Hintergehänge gebrochen werden. Ist die Rückwand des Anbruches nicht zu steil, dann findet man zuweilen Gelegenheit, durch Vertiefung der Ausgußrinne den Hauptkolk mehr oder minder in den Fels hineinzuverlegen und so die Gewalt des Wassers auf natürlicher Unterlage zu brechen.

Die Sicherung der Blaikensohle durch bauliche Maßnahmen schließt den Schutz der Lehnenfüße in ähnlicher Weise in sich, wie bei der Verbauung der Feilenanbrüche (siehe diese). Nach ihrem Abschlusse empfiehlt es sich, durch geeignete Berasung- und Bebuschungsmaßnahmen die der Beruhigung entgegengehenden, keinen Grobbewegungen mehr ausgesetzten Einhänge zu begrünen, wenn ihre Höhe und Ausdehnung die natürliche Ausheilung der Wunde des Bergleibes zu sehr verlangsamt.

4. Die Uferanbrüche.

Begriffumschreibung.

Wenn eine Lehne ihres stützenden Fußes beraubt wird, dann werden Bewegungen lebendig, die zu Flankenbrüchen (frane di scalzamento nach Principi) führen. Der Mensch löst Flankenbrüche gelegentlich des

Abb. 19. Uferanbruch im Siflitzgraben, Kärnten. Unterhöhlung und Nachbrechen der widerstandsfähigeren Schichten. Uferschutz durch Leitwerke zwischen niederen, gemauerten Grundschwellen. Lichtbildersammlung des Geologischen Institutes der Technischen Hochschule in Wien.

Baues von Straßen, Eisenbahnen und Hochbauten gedankenlos oft selbst aus. Rührt der Eingriff in den Bergesleib von einem Gewässer her, dann spricht man von einem Uferbruch; die entstandene Hohlform ist der Uferanbruch (die Uferblaike, Abb. 2 u. 19).

Die Entstehung der Uferanbrüche.

Wie den Feilen- und den Keilanbruch, so löst auch den Uferanbruch die Schurfkraft des Wassers aus. Während jedoch die beiden ersten weitaus überwiegend ein Werk des Längsschurfs sind, leistet bei der Bildung der Uferblaiken der Querschurf (Seitenschurf) den Hauptteil der Arbeit. Natürlich entstehen auch die Feilen- und die Keilanbrüche mittelbar durch das Nachbrechen der Ufer; man könnte sie sogar als beiderseitige Uferanbrüche auffassen; außerdem schalten sich in den Entwicklungsgang dieser Anbruchsformen auch nicht selten örtliche Uferanbrüche, veranlaßt durch Bachverwerfungen, ein. Trotzdem hebt sich der Uferanbruch entstehungsgeschichtlich gut von den obigen Längsschurfanbrüchen ab. Bei diesen schneidet das Wasser linig in die Tiefe und veranlaßt so das Nachgleiten der Flanken längs langer Strecken; das Gefälle der Längenschurfrinnen ist meist groß und die Neigung des Wassers, Schlingen zu werfen, kaum vorhanden, ja bei kürzeren Runsen oft nicht einmal angedeutet; das Wasser strebt, nur durch gelegentliche Hindernisse (z. B. Felsblöcke) ganz vorübergehend und um geringe Beträge aus seiner Bahn gebracht, auf dem kürzesten Wege dem Talboden zu; der Verlauf der Anbruchachse ist daher weitgehend gestreckt und nur schwach oder untergeordnet gekrümmt. Der Uferanbruch dagegen beruht auf einem örtlich beschränkten und förmlich punktweise zusammengeballten seitlichen Angriffe auf die Böschung; Tiefenschurf kann in der betrachteten Strecke vorhanden sein, kann aber auch fehlen; ja, die Uferanbrüche sind gerade dort am schönsten ausgeprägt, wo der Talboden keine weitere Vertiefung mehr erfährt; die Uferanbrüche sind eben an Krümmungen der Wasserläufe gebunden, setzen „Prallstellen" zu ihrer Bildung voraus. Den „Bruchufern" (Prallufern, Prallstellen, Scharufern, Steilufern) stehen die in der Innenseite der Windungen liegenden „Gleitufer" (Leitufer, Flachufer) gegenüber.

Die Natur, die nirgends Sprünge macht, kennt freilich auch bei den Uferblaiken Übergänge zu den Feilenanbrüchen und umgekehrt. Wo der Tiefenschurf nicht lotrecht, sondern schräg in die Tiefe arbeitet — und das ist öfter der Fall, als man gewöhnlich annimmt — entsteht kein echter Feilenanbruch mehr, sondern ein Mittelglied zwischen diesem und dem Uferanbruche, meist schon durch die ungleichseitige Ausbildung der Ufer kenntlich. Die richtige Erkenntnis der Sachlage ist natürlich dann auch wichtig für die Wahl der Verbauungsmaßnahmen.

Setzt das Wasser bei der Entstehung der bisher betrachteten Blaiken den ersten Hebel zu ihrer Bildung an, so stellt eine daraufhin erfolgende Massenbewegung den zweiten Vorgang bei ihrer Erzeugung dar. Die Ablösung der Massen erfolgt bei den erstbehandelten Blaiken fast immer längs neu geschaffener, nicht vorgebildet gewesener Abtrennungsflächen (Gleitbahnen). Die Uferbrüche lösen sich in aller Regel gleichfalls auf nicht weiter vorbereiteten Rutschflächen ab. Doch kommt es bei ihnen schon etwas häufiger vor, daß sie vorhandenen Flächen geringeren Zusammenhaltes (Schichtflächen, Klüften usw.) folgen; dies ist z. B. dann der Fall, wenn Quellinien oder Sickerwasserstreifen quer über die Blaike ziehen; sie sind der sichtbare Ausdruck für den Wechsel durchlässiger und undurchlässiger Schichten; dann gleitet sehr oft die Hangendschicht auf der verseiften, schwerer durchlässigen, die Wasseraustritte veranlassenden Unterlage ab; solange die Ausstriche des Sickerwasserstauers noch nicht entblößt sind, halten sich die Massen noch halbwegs im Gleichgewicht; dieses wird gestört, wenn die Prallstelle die Liegendschichten anschneidet und untergräbt. Überhaupt begünstigen Quellen und Naßgallen auf Lehnen die Bildung von Uferblaiken sehr (Abb. 20).

Alle Hindernisse im Bachbette, welche den Lauf des Wassers ablenken, können Uferbrüche hervorrufen. So z. B. in das Gerinne gerutschte Bäume, große Felsblöcke u. dgl.; jede Verwilderung der Rinnsale führt zu Bachverwerfungen und zur Entstehung kleinerer oder größerer Uferanbrüche. Ebenso lenken vorspringende Felsnasen, liegengebliebene Murkröpfe oder in den Hauptbach geschleuderte Geschiebewalzen eines Seitengrabens gar oft den Stromstrich auf das entgegengesetzte Ufer und unterhöhlen

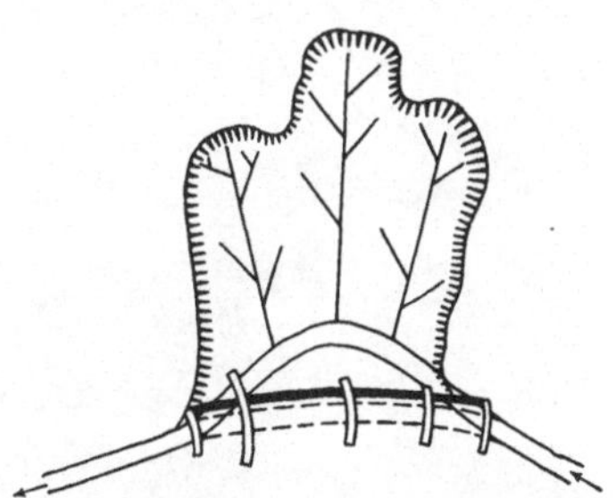

Abb. 20. Verbauung eines vernäßten Uferanbruches. Starke Linie: Längsbauten. Dünne Striche: Entwässerungsdolen (Stützgurte nicht eingezeichnet). Gestrichelt: gestreckter neuer Bachlauf.

es (Abb. 21). Eine wenig beachtete Ursache des Abdrängens der Gewässer an die Hangfüße ist die Ausbauchung ihrer Ablagerungen nach aufwärts zu; vom Scheitel der sanften Wölbung gleitet das Wasser bald gegen die eine, bald gegen die andere Seite hinab und greift abwechselnd die Ufer an; die nach oben zu ausgebauchte Form der Oberfläche der Ablagerungen aus fließendem Wasser (vgl. z. B. Stiny, Technische Geologie, S. 457—458) fördert auch in den Mittelgebirgen und Hügelländern die Verbreiterung der Talsohlen und die Entstehung von Prallstellen sehr.

Die Entstehungsart der Uferanbrüche bringt es mit sich, daß — im Gegensatze zum Feilen- und Keilanbruch — in ihrem Leibe felsartige Baustoffe schon häufiger anzutreffen sind. Freilich handelt es sich meist um leicht zerfallende, stark gequetschte oder zerhackte, mürbe und wenig feste, oft mergelige bis tonreiche Gesteine, welche nur geringere Böschungswinkel vertragen und gegen Unterwaschung und Aushöhlung ihres Fußes empfindlich sind. Man erinnere sich da an die bereits wiederholt erwähnten, glimmerreichen Schiefer, die tonreichen oder mergeligen Ausbildungsarten der Werfener Schichten, die Lunzer Schichten (Sandsteine und Reingrabener Schiefer), die Wengener und Kassianer Schichten Südtirols, den Grödner Sandstein, die Liasfleckenmergel, Aptychenmergel,

Abb. 21. Unterfahrung und Einbau eines großen Felsblockes in eine Sperrmauer. Silbergraben, Kärnten. Lichtbildersammlung des Geologischen Institutes der Technischen Hochschule in Wien.

Quetschdolomite vom Alter des Ramsau-, Wetterstein- und Hauptdolomites, die Gosaumergel und Gosausandsteine, viele Flyschgesteine, schlecht verbundene Konglomerate (Nagelfluh) usw. Auch Bergarten, welche den Übergang zwischen den Lockermassen und dem festen Fels vermitteln, und selbst auch Gesteine mit etwas kräftigerem Zusammenhalt brechen nach meist neu gebildeten Trennungsflächen ab und bilden felsige Uferblaiken. Zuweilen lösen sich die Massen auch nach schon vorhandenen Flächen geringen Zusammenhaltes ab; meist sind es alte Bewegungsflächen, sonstige Kluftflächen, Schichtflächen usw., welche die Bewegungsbahn vorzeichnen. Derartige Uferblaiken in bröckligen Bergarten sind zwar nicht so entwicklungsfähig als jene in echten Lockermassen, können aber immerhin den Geschiebehaushalt eines Gewässers nennenswert beeinflussen und verdienen deshalb auch Beachtung von seiten des Ingenieurs; ein Teil von ihnen fällt in die Gruppe der Jungschutt-Geschiebeherde (S. 6 ff.), ein anderer Teil bildet den Übergang zwischen diesen und den Altschuttherden.

Die Form der Uferanbrüche.

Die Randlinie eines Uferanbruches wölbt sich mehr oder minder bogig nach außen; ihr Verlauf wird durch Kleinformen des Hanges ebensosehr beeinflußt, wie durch das Auftreten von Sickerwässern, Wechsel des Baustoffes der Lehne usw. Der Uferanbruch bezeichnet die Stellen örtlich stärksten Querschurfes — veranlaßt durch seitliche Bachverwerfungen usw. — und ist in seinem Auftreten von anderen Bruchformen gedachtermaßen völlig unabhängig, gesellt sich aber gerne dem Feilenanbruche zu. Seine Breitenausdehnung (Höhe) hängt nicht bloß von der Stärke des Seitenschurfes, sondern in noch höherem Maße von der Ausformung der Ufereinhänge ab; in den Talauen brechen die Flüsse nur niedrige, sichelartig schmale Hohlformen aus (Abb. 2), die abwechselnd am einen und am anderen Ufer auftreten und durch Laufstrecken mit unbeschädigten Ufern getrennt sind („vereinzelte", „wandernde" [nomadisierende] Uferblaiken). Sie reihen sich wie Perlen an einer Schnur auf. Liegen die Prallstellen des Flusses in höhere, z. B. eiszeitliche Schotterfluren, eingesenkt, dann entstehen bereits einigermaßen hohe bis sehr hohe, aber immer noch mehr länglich sicheldünenartig geformte Bruchufer. Wo jedoch der Wildbach steile, hoch sich emporschwingende Berghänge unterwäscht, gewinnen auch die Uferblaiken der Breite und Höhe nach an Ausdehnung; ja es kann sogar zu einer Umkehr des Verhältnisses der Ausmaße kommen, wie wir es von den Hügelländern her gewohnt sind; man trifft im Hochgebirge nicht selten Uferblaiken an, welche weitaus breiter als lang sind. Dabei rücken die Anbrüche näher zusammen. Oft reicht am Rande einer Schurfrinne ein Uferanriß gewissermaßen dem anderen die Hand. Dort, wo der Schurf längs sehr steiler Hänge rasch in die Tiefe arbeitet, gewinnt die Blaike mitunter ganz beträchtliche Ausdehnung und erzeugt Hohlformen, die nicht mehr ein reines Werk des Querschurfes sind. Es leistet hier auch der Längenschurf mehr oder minder kräftige Arbeit, so daß die Blaike manchmal mehr einen Feilenanbruch, verknüpft mit zahlreichen, über seinen Rand hinausgreifenden Uferanbrüchen, darstellt; so entstehen, wie bereits S. 13 erwähnt, Übergänge zwischen den echten Feilenanbrüchen und den reinen Uferblaiken, für welche schwer eine kurze Bezeichnung zu finden sein wird. In der Regel wird aber die eine oder andere Schurfart wirksamer gewesen sein; man kann dann eine Grundform erkennen und wird je nach dem von einer Feilenblaike mit Uferanbrüchen oder von einer Uferanbruchkette mit verbindendem Feilenrunste sprechen.

In den Gebirgsbächen tritt die Uferblaike bald beiderseitig, bald, wenn eines der Ufer aus Fels besteht, nur an einem Bachufer auf; dann gleitet das Wasser ständig vom felsigen Ufer ab und drängt an die gegenseitige Böschung an. Manchmal täuscht sie bei flüchtigem Zusehen oft einen muscheligen Ausriß vor, und zwar besonders dann, wenn er im Vergleiche zu seiner Breite ziemlich kurz ist, was z. B. für einufrige Kolke unterhalb von Schnellen meist zutrifft. Ihre Abtrennungsfläche kann, wie bereits weiter oben erwähnt, zufällig mit einer Gleitfläche zusammenfallen, gehört aber sonst in der Regel einer erst bei ihrer Entstehung gebildeten Ablösungsfläche an.

Die Form des Uferanbruches ist somit eine sehr mannigfaltige. Unter sonst gleichen Umständen wächst seine Breitenausdehnung mit der Abnahme des Grades der Standfestigkeit der Massen. Diese hängt ihrerseits wieder von dem Feuchtigkeitsgrade der Ablagerung, ihrem Porenraum, Gefüge, ihrer Korngrößenzusammensetzung, Scherfestigkeit usw. ab.

Die Weiterbildung der Uferblaiken.

Die Uferanbrüche formen sich ähnlich weiter, wie die bereits früher geschilderten Blaikenarten. Die Nachrutschung des Hanges erzeugt nur eine vorübergehende, nicht dauernd bestandfähige Böschung; diese feilen die weiter oben angeführten (S. 17, 18) Kleinkräfte so lange zu, bis eine begrünungsfähige Dauerböschung erreicht ist. Doch gönnt der Wildbach seinen Ufern nur sehr selten eine so lange Ruhepause; fast immer unterbricht ein neuerlicher, ruckartiger Schurfangriff die Tätigkeit der Nachböschungskräfte, erzeugt einen neuerlichen Uferbruch und versteilert die Lehne von neuem. Dieses Wechselspiel von Unterwaschung und Hangnachbruch kann sich ungezählte Male wiederholen, bis schließlich eine Ablenkung des Baches oder das Eingreifen des Menschen dem Bruchhange Ruhe verschafft. Dann ergreift der Pflanzenwuchs zuerst vom Hangfuße Besitz; von hier aus erobert er sich im Kampfe mit den nachbröckelnden Massen allmählich die ganze Ödfläche bis zu ihrem oberen Rande (Abb. 22 und 23).

Nicht nur die bei der Hauptrutschung abgelösten Massen, sondern auch jene der nachfolgenden kleineren Ablösungen, Abbröckelungen, Abspülungen usw. beladen den Bach mit Geschiebe oder werfen ihn gar vorübergehend auf das gegenüberliegende Ufer; oft wird nun auch dieses untergraben; die hier eintretende Hangrutschung drängt dann den Bach wieder gegen das frühere Bruchufer zurück. Nicht selten stauen die abgeglittenen Massen den Bachlauf auf und bereiten einen verheerenden Dammbruch vor. So können Uferbrüche ein Tal oft entsetzlich verheeren und durch Überladung des Baches mit Geschieben das Verderben bis auf den Schwemmkegel tragen; so richteten z. B. die Uferbrüche im Märzenbache (Zillertal) nicht bloß im Hängetale des Märzenbaches selbst,

Abb. 22. Uferanbruch an der Ötztaler Ache bei Ebene (Tirol). Eigenaufnahme 1905.

sondern auch auf den Gründen des Schwemmkegels und in der Ortschaft Stumm viel Unheil an (Juli 1908).

Das Nachbröckeln von Massen von den Bruchlehnen herab darf wasserwirtschaftlich auch dann nicht vernachlässigt werden, wenn diese aus brüchigem oder sonst leicht zerstörbarem Fels bestehen; auch solche „felsige" Uferblaiken sind unangenehmer Weiterbildung fähig (vgl. S. 103).

In Uferblaiken, welche aus standfesteren Lockermassen (Grundmoränen, Bänderton usw.) bestehen oder welche eine Zeitlang den Angriffen des Seitenschurfes entzogen sind, zieht das Niederschlagwasser Rillen und tiefere Runsen; zwischen den Furchen bleiben zuweilen scharfe Grate stehen, die ihrerseits wieder von Querrunsen gegliedert werden (vgl. Abb. 22). Manchmal entstehen Erdpfeiler und Erdsäulchen.

Abb. 23. Der Fluß hat sich allmählich vom Uferanbruche losgelöst und zieht heute abseits des Blaikenfußes seine Schlingen. Der Pflanzenwuchs faßt nun von unten her Fuß auf der Kahlfläche, ergreift Besitz von ihr, begrünt und bindet sie allmählich. Rienztal bei Olang, Südtirol. Eigenaufnahme 1910.

Vorkommen der Uferanbrüche.

Die Uferblaiken finden sich überaus häufig in den Gerinnen unserer Gebirgsbäche; sie zählen hier neben den Feilenanbrüchen zu den gefährlichsten Geschiebeherden der Wildbäche. Sie fehlen aber auch im Hügellande und in den Ebenen nicht; ja sie bilden gerade bei den Hochwasserbächen, den Flüssen und den großen Strömen die vorwiegende und oft sogar einzige größere Anbruchart.

Es ist daher fast überflüssig, Gewässer aufzuzählen, welche ihre Gefährlichkeit zum Großteile Uferanbrüchen verdanken; trotzdem sei eine kleine Kostprobe geboten. So trifft man größere Uferanbrüche u. a. in nachstehenden Wildbächen: Billbach (Weißenbach) bei St. Gallen (Steiermark), Aschauerbach, Märzenbach und Ahrnbach im Zillertale, Heimbach im Oetztale, Ederbach bei Oetz (Schellebergblaike und Brunachblaike), Tauernbach (Triebenbach) bei Trieben im steirischen Paltentale (Feilenanbruch mit rechtsufrigen, ausgedehnten, bis zur Tauernstraße emporreichenden Uferanbrüchen), Grundlseetraun und Altausseer Traun im Salzkammergute, Kainischtraun zwischen Bahnhof Aussee und Kainisch (zum Teil Feilenanbruch mit auslappenden Muschelblaiken), Chrysanthenbach bei Nörsach (Osttirol), Kammerschlößlbach (Kochalmbach) bei Kammern im Liesingtale (Steiermark), Offenseebach unterhalb der sog. alten Klause (oberösterreichisches Salzkammergut) u. a. m.

Gewaltige Uferanbrüche entstanden im vorigen Jahrhundert in der Rovana (Maggiatal, Schweiz); nach rückwärts sich vergrößernd bedrohten sie zuletzt die Ortschaft Campo (Salis [18]).

Die Verbauung der Uferanbrüche.

Der Flankenanbruch gehört zu den häufigsten Bruchformen, mit denen der Ingenieur zu tun hat. Der Entstehungsweise des Anbruches entsprechend, liegt der Kernpunkt der Verbauung in dem Schutze des Hanges gegen weitere Angriffe auf seinen Fuß. Der Techniker, der Verkehrswege baut, greift daher zur Errichtung von Fuß- und Stützmauern; der Wasserbauer wendet die ihrem Grundgedanken nach ganz ähnlichen Leitwerke, Uferdeckwerke, Ablenkungssporne, Buhnen, Treiber u. dgl. an. Diese baulichen Maßnahmen genügen in der Regel überall dort, wo der Tiefenschurf des Wasserlaufes völlig ruht und an seiner Stelle die Geschiebeentnahme einzig und allein vom Seitenschurfe geleistet wird; diese Voraussetzungen treffen vorwiegend bei den Hochwasserbächen des Hügellandes (Abb. 24) und den Flüssen der Ebene zu. Im Gebirge dagegen gesellt sich zum Querschurfe gerne noch ein mehr oder minder kräftiger Längenschurf zu. Bei der Beruhigung solcher Wildwässer muß, besonders wenn sie starkes Gefälle und eine verhältnismäßig große Wassermenge besitzen, oft in erster Linie eine kräftige Hebung der Sohle angestrebt werden, um den früheren Zustand tunlichst wieder herzustellen, dem Bache einen genügenden Durchflußquerschnitt zu verschaffen und die Wässer von den Lehnenfüßen leichter fernhalten zu können; in nächster Linie darf dann nach Ausführung der Sohlenhebung auch an die allfällige Herstellung von Längswerken gedacht werden, wenn nicht schon durch entsprechendes Aufziehen der Sperrenflügel die Böschungsfüße vor der unterwühlenden Tätigkeit des Wildbaches genügend geschützt sind. In allen wichtigen Fällen werden dem Einbau der Werke bodentechnische Untersuchungen des Baugrundes vorauszugehen haben.

Die geeignete Ausbildung des Querwerkflügels fällt vor allem auch dort nötig, wo einufrig anstehender Fels das Wasser fortwährend gegen das lockere Bruchufer preßt; in manchen derartigen Fällen kann es sich empfehlen, dem Bache im Uferfels ein neues, gestrecktes Gerinne auszusprengen und die Querwerke auf der bedrohten Talstrecke spornartig auszubilden. Stark vorspringende Felsnasen müssen überhaupt nach Tunlichkeit weggesprengt werden; in Sonderfällen kann es wirtschaftlich und ratsam sein, das Wasser in einem Stollen fern vom Bruchufer zu halten; derartige Maßnahmen hat man besonders längs Bahnen (z. B. Brennerbahn) zum Schutze des Verkehrsweges bereits häufig getroffen, doch wendete man sie auch sonst da und dort an, wenn es galt, wichtigen Punkten Ruhe vor Wildbachangriffen zu verschaffen; Voraussetzung für solche ungewöhnliche, gedeckte Ableitungen von Gewässern ist allerdings, daß aus dem Einzugsgebiete oberhalb des Stollens kein sehr schweres Geschiebe und vor allem wenig Wildholz abgeht.

Die Verbesserung der Richtungsverhältnisse des Stromstriches des Wasserlaufes ist jedoch nicht bloß dort wichtig, wo Felssporne und Fels-

Abb. 24. Uferanbruch am Urlflusse unterhalb St. Peter i. d. Au (N. Ö.). Die Pfähle des Flechtwerkes und der Spreitslagen werden durch den andauernden, schräg in die Tiefe arbeitenden Schurf allmählich ihres Haltes beraubt und neigen sich in den Uferkolk hinein. Eigenaufnahme.

nasen das Gewässer gegen leicht angreifbare Ufer abdrängen, sondern eine Maßnahme, die überall empfohlen werden kann. Eine gewisse „Streckung" des Wasserlaufes — die sich allerdings vor Übertreibungen hüten muß — schützt die Außenseiten der flacher gewordenen Krümmungen; sie kann bekanntlich durch verschiedene bauliche Mittel erreicht werden (Durchstiche, Leitwerke usw.); in Wildbächen fördert es sehr, wenn man die Mittelachsen der Abflußöffnungen der Querwerke nach sanft verlaufenden Bögen gegeneinander ausrichtet. Die Abschwächung der Krümmungen ist um so notwendiger, je stärker das Gefälle, je größer die Wassermasse, je schärfer die Prallstelle und je lockerer das bedrohte Ufer ist.

Über einen gelungenen Durchstich im Haslen-Dorfbach (Kanton Glarus, Schweiz) berichtet u. a. Salis (18).

Wo man in hohen Uferanbrüchen versucht hat, die weitere Geschiebeentnahme durch niedrige Querbauten, wie z. B. Prügelsperren, hölzerne oder gemauerte Grundschwellen usw. zu verhindern, hat man sich immer noch genötigt gesehen, entweder die alten Bauten zu erhöhen oder auf die meterhoch aufgeschüttete neue Sohle weitere Querwerke aufzusetzen. Denn die niedrigen Schwellen vermögen zwar meist der weiteren Eintiefung Halt zu gebieten und das seitliche Pendeln des Baches und die Fußangriffe zu verhindern, bieten jedoch den Massen, die von dem übersteilen Anbruche oft noch durch Jahrzehnte hindurch abbröckeln und abrutschen, keinen Raum zur ruhigen Ablagerung dar; die Witter- und Abtragstoffe fallen in das schmale Gerinne, verschütten die Bauten und werden gelegentlich von Hochwässern wieder ausgefegt; dabei können örtliche Anhäufungen von Blaikenschutt leicht den Bach gegen einen der Flügel abdrängen; das Hochwasser umgeht dann nicht selten die Einbindungsstelle, legt den Flügel bloß und reißt das ganze Bauwerk mit sich oder gefährdet es zumindest; große, abgekollerte Blöcke führen oft allein schon derartige schädliche Bachverwerfungen herbei.

Noch weniger zweckentsprechend ist es, am Fuße tief in den Bergleib reichender und daher zum Nachbröckeln neigender Uferblaiken das Gerinne auszupflastern. Abkollernde Felsblöcke beschädigen und einrutschende Massen verlegen die Schale und geben sie der Zerstörung preis. Wohl aber kann eine Ausschalung ausnahmsweise dort am Platze sein, wo die Uferblaike niedrig oder bereits so stark abgeflacht ist, daß nennenswerte Stoffabfuhren aus ihr nicht mehr zu fürchten sind. Man wird übrigens an derartige Auspflasterungen wohl nur dort denken, wo die Abflußmenge gering, die Geschiebeführung aus höher gelegenen Laufstrecken unbedeutend und das Sohlengefälle verhältnismäßig groß ist.

Errichtet man dagegen am Fuße stark unterschnittener, an sich schon steiler Hänge mit hoch hinaufreichenden Uferanbrüchen an geeigneten Punkten höhere Querwerke, dann hebt man die Sohle mehr oder minder beträchtlich und stellt annähernd ihre frühere naturgemäßere Höhenlage wieder her. Dies ist besonders dort wichtig, wo Wildwässer, schräg nach abwärts schürfend, in vereinter Tiefen- und Seitwärtsnagung ihr Bett längs des Fußes von Uferblaiken bedeutend vertieft haben. So entnimmt man z. B. den Berichten von Culmann (5) und Salis (18), daß die Rovana bei Campo im Maggiatale (Schweiz) ihre Sohle in wenigen Jahrzehnten um 30—100 m vertieft hat. Derartige Uferanbrüche greifen dann oft hoch an den Hängen empor. Infolge ganz wesentlicher Mitarbeit des lotrechten Schurfes bei ihrer Entstehung können sie unter Umständen hinüberleiten zu den Feilenanbrüchen, deren Böschungsnachrutschungen ja hauptsächlich durch die Tiefennagung der Wässer ausgelöst werden. Im Falle der Rovana war es nicht mehr möglich, die Hebung der Bachsohle bis zu ihrer ursprünglichen Lage durchzuführen; hier war es aber zufällig möglich, den Bach von dem bedrohten, nachrutschenden Ufer abzudrängen und gegen die gegenüberliegende, widerstandsfähige Lehne zu leiten.

Höhere Querwerke machen dann weiter die schädliche Zusammendrängung des Wasserabflusses in einem engen, schräg nach abwärts in den Hangleib hineingebohrten Schlauch wieder wett, verteilen das abfließende Hochwasser auf einen breiteren Querschnitt und berauben es des größten Teiles seiner gefahrbringenden Wucht. Trotz der Räumigkeit der Abflußöffnung der Talsperre bleibt vor dem hoch gegen das Bruchufer emporgezogenen Flügel und vor dem Querwerke noch genügend Platz für das von der Lehne abkollernde Geschiebe; ein mehr oder minder breiter Streifen bleibt zwischen den Sperren frei für die Aufhäufung eines Schuttfußes, wodurch die Nachböschungsvorgänge auf der Blaike abgekürzt und die Begrünungsversuche der Natur (oder des Menschen) erleichtert werden. Wo die Mittel zur Verfügung stehen und die örtlichen Verhältnisse es erheischen, wird man den sich im Laufe der Jahre bildenden Schuttsaum durch Leitwerke sichern und damit zugleich auch den Ablagerungsraum für den Bröckelschutt vergrößern. Daß man für derartige größere Böschungsschutzwerke, welche gleichzeitig der Hebung und Verbreiterung sowie Festigung der Sohle und der Zurückhaltung des Blaikennachfalles dienen, die Baustellen mit besonderer Sorgfalt auswählen muß, bedarf kaum der Erwähnung und noch weniger der Begründung; man wird dabei mit wirtschaftlichen Mitteln erreichbare Felsschwellen in der Sohle für die Gründung ebenso ausnützen wie auftretende Felsleisten oder Felsköpfchen an den Flanken. Zwischen die höheren Sperren verteile man niedrigere Grundschwellen; sie besorgen oft in vorteilhafter und wirtschaftlicher Weise die Sohlenbindung und Uferdeckung in den Zwischenstrecken.

Überall dort, wo Sickerwässer in der Lehne die Vergrößerung der Uferblaiken begünstigt haben, müssen nach Fertigstellung der Schutzbauten am Lehnenfuße die Quellfäden gefaßt und unschädlich abgeleitet werden (Abb. 20); ist die Fassung des Sickerwassers wegen der flächenhaften oder linigen Verteilung der Austrittspunkte oder aus anderen Gründen nicht möglich, dann muß man zur regelrechten Dränung der Fläche schreiten. Die Bestimmung der Entfernung der Sickerdohlen, Drainrohre u. dgl. darf nicht gefühlsmäßig erfolgen, sondern muß auf einer bodentechnischen Untersuchung des Baustoffes der Rutschlehne fußen. Eine gut gelungene Verbauung eines nassen Muschelanbruches im Wildbache Sanières stellt Demontzey (6) auf Taf. 24 dar. Die Geologie lehrt allein schon, daß Entwässerungsmaßnahmen in Uferblaiken ohne Fußsicherung niemals den gewünschten Erfolg haben können.

Der Einbau höherer Querwerke gestattet nicht nur, sondern erfordert geradezu die Widmung einiger Mittel für die Untersuchung des Baugrundes. Dieser wichtigen Vorarbeit für die richtige und wirtschaftliche Planung der Verbauungsmaßnahmen wurde nicht überall und nicht immer die gebührende Aufmerksamkeit geschenkt; es sei darum ihre Notwendigkeit an dieser Stelle nachdrücklichst unterstrichen. Man wird also an den ins Auge gefaßten Baustellen das Gelände sorgfältig aufnehmen und schnitt- und schichtenplanmäßig darstellen; an Ort und Stelle werden Schürfungen eingeleitet und die Lage des Felsuntergrundes oder wenigstens der örtliche Wechsel der Ablagerungen erkundet; die richtige und besonders die wirtschaftliche Einlegung der Talsperre wird dann auf Grund der gewonnenen geologischen Einsicht und der Untersuchungen in der Natur auf dem Schichtenplane vorgenommen. Die geringen Kosten dieser Vorarbeiten machen sich durch Verringerung der Baukosten — und oft auch der Erhaltungskosten — reichlich bezahlt.

Zu den ergänzenden Maßnahmen im Gerinne selbst gehört dann noch das Ausziehen der Blöcke, welche lose auf der Sohle herumliegen, und die Unschädlichmachung eingebetteter oder verklemmter großer Steine. Vor ihnen häufen sich oft Hölzer, Astwerk und Geschiebemassen an; hinter ihnen bilden sich Auswaschungen; stets lenken sie den Lauf des Wassers aus seiner Richtung und führen daher in aller Regel zu Bachverwerfungen, Verklausungen und mittelbar zu Uferangriffen. Einen guten Einblick in die unhaltbaren Verhältnisse, welche regellos lagernde Blöcke in einem Wildbette schaffen, gewähren die Abbildungen in dem vorzüglichen Werke von Salis (18), H. 1, Taf. 16 u. 18, Mutzenbaubach und Taf. 20, Stollenholzbach bei Lachen am Züricher See.

Zuweilen lassen sich derartige Felsblöcke mit Vorteil an Ort und Stelle in Querbauten einfügen (Abb. 21); doch tut Vorsicht not; so wurde z. B. im Jahre 1905 in der Sautenser Mure (Oetztal, Tirol) eine Vorfeldversicherung auf einen rund 20 rm einnehmenden Block aufgestützt; noch im selben Sommer riß ihn ein Murgang samt Vorpflaster und Grundschwelle mit. Es ist daher in den meisten Fällen ratsam, die Sperrmauer hinter dem Blocke aufzurichten und so seinen Abgang und die Schädigung tieferliegender Bachstrecken zu verhindern. Die Belassung des Blockes an Ort und Stelle in einer der angeführten Arten ist dort notwendig, wo seine Entfernung durch Lockerung der Sohle, Erzeugung einer Steilstufe oder in anderer Weise Schaden bringen könnte. Dagegen empfiehlt es sich, jene Blöcke, welche lose auf der Bachsohle liegen, zu entfernen und so den Talweg für das Wasser wieder frei zu machen; man wälzt sie mittels Winden und Brechstangen von Hand aus oder zieht sie mit Hilfe von Flaschenzügen gegen den Fuß des Bruchufers, wo sie zu seinem Schutze beitragen. Mit den gewöhnlichen Hilfsmitteln wegen ihrer Größe und Schwere nicht zu bewältigende Blöcke zerschießt man; ihre Bruchstücke geben manchesmal willkommenen Baustoff ab. Daneben wird man auch alle anderen Erscheinungen beseitigen oder mildern, welche Ausdruck einer Verwilderung des Bachbettes sind.

Nach Vollendung der baulichen Schutzmaßnahmen im Gerinne selbst schreitet man überall dort, wo Größe und Steilheit der Uferblaiken eine baldige, natürliche Begrünung und Bindung nicht erwarten lassen, zur künstlichen Befestigung des Bruchfläche selbst. Meist, ja nahezu immer müssen gewisse technische Maßnahmen den Pflanzungen vorangehen, sollen diese Erfolg haben; denn auch die Blaike muß vorerst eine gewisse, wenigstens annähernde Gleichgewichtslage erhalten, ehe sie den Standort für bodenbindende Gewächse abgeben kann; wer diesen, in jüngster Zeit wieder von G. Strele mit Nachdruck und mit gutem Rechte verfochtenen Grundsatz bei der Verbauung der Wildbäche nicht beachtet, unternimmt einen Versuch mit untauglichen Mitteln; zu große Sparsamkeit bei der Anwendung der Baumittel in den Uferblaiken ist übrigens schon deshalb nicht nötig, weil die Maßnahmen verhältnismäßig billig und leicht auszuführen sind.

Für die Beruhigung der an ihrem Fuße bereits versicherten Bruchlehne selbst genügen ja meist leichte Lehnenmauern, Spreitlagen und andere Bodenbindungsmaßnahmen; die Hangstützmauern setzt man gern auf einen mit Astwerk unterbetteten Holzrost auf und deckt sie auf ihrer Krone zum Schutze gegen Steinschlag mit ausschlagfähigen, erdbedeckten Spreitlagen ein. Besonders die Spreitlagen, welche — zur Hälfte baulicher und zur Hälfte wirtschaftlicher Natur — den Hang unterteilen, und das ablaufende Regenwasser am Sammeln und Einrunsen hindern, haben sich stets noch gut bewährt. In vernäßten Anbrüchen leisten selbstverständlich Entwässerungsarbeiten gute Dienste; besonders Sickerschlitze und auf Sohlengurten gestützte Ausschalungen haben sich örtlich recht gut bewährt.

Die Felder zwischen den baulichen Anlagen besät man mit Samen geeigneter Gräser, Kräuter und Holzarten oder man pflanzt Steckreiser und bewurzelte Pflanzen in entsprechendem Abstande; dann empfiehlt es sich, die Zwischenräume zwischen den Setzlingen und Pflänzlingen zur vorübergehenden Bindung des Bodens und zum Schutze der noch nicht eingewurzelten Pflanzen zu besamen (z. B. in niedrigeren Lagen mit Hafer).

Den Begrünungsmaßnahmen muß zuweilen die Zurichtung und Ausgleichung der Blaikenböschungen vorangehen; dies namentlich dann, wenn Teile der Bruchlehne übersteil sind oder der Uferanbruch, wie nicht selten in standfesteren Ablagerungen, stärker feingegliedert ist

(Abb. 22). Insbesondere fällt es oft nötig, jungangebrochene, überhängende oder unhaltbar steile Ränder abzuböschen; schwere, langschäftige Baumstämme sind von den Bruchrändern unter allen Umständen zu entfernen, weil sie die Lehne belasten und, vom Sturme geschüttelt, den Boden auflockern und für einsickerndes Wasser wegsam machen; zudem sind Windwürfe am Blaikenrande aus verschiedenen Gründen wenig angenehm. Man wird daher aus Sicherheitsgründen einen mehr oder minder breiten Saum um den Uferanbruch herum von Hochwald frei halten und hier nur Buschwerk (Niederwald) dulden.

In Lockermassenanbrüchen haben kunstgerecht durchgeführte Verbauungen schon oft schöne, volle Erfolge erzielt und die gänzliche Beruhigung und Begrünung der Uferblaike herbeigeführt.

5. Der Dammanbruch.

Der Dammanbruch ist jene Hohlform, welche entsteht, wenn ein stauender Riegel (barrage) vom Wasser durchbrochen wird. Der Vorgang heißt Dammbruch und ist besonders berüchtigt wegen seiner verheerenden Wirkungen, wenn er sich an künstlichen Stauanlagen (Erddämmen, Sperrmauern u. dgl.) ereignet.

Die Namengebung knüpft an den Ausdruck „Dammformen" an, welchen die Geländeformenkunde nach Zaffauk (148) für Erhebungen gebraucht, deren „Länge im Vergleiche zur Breite beträchtlich größer ist".

Der Ingenieur, welcher Wasserläufe regelt, hat meist mit Dammanbrüchen in natürlichen Staumassen zu tun. Hier können sie sich in verschiedener Weise bilden.

Wo sich die Wassermassen der Hochgewitter mit ihren Hagelschlägen durch enge Schluchten und Felsklammen durchzwängen müssen, verstopft sich das schmale Gerinne sehr leicht; riesige Felsblöcke oder samt den Kronen mitgerissene, lange Baumstämme legen sich quer über das engsohlige Bachbett, hemmen die Abfuhr des Geschiebes und des Wassers und bilden eine Art Klause, vor der sich die nachdrängenden Massen oft mehrere Zehner von Metern hoch auftürmen; die aufgestauten Wasser- und Geschiebemassen erzwingen dann mit ungeheurer Kraft den Ausweg; der hemmende, kirchturmhohe Wall wird durchbrochen und die Mure (rotta, débâcle) schießt mit vervielfachtem Ungestüm und mit rasender Geschwindigkeit zu Tal. Der Schwall des nachstürzenden Wassers beseitigt den Stauwall in den Felsschluchten meist ziemlich restlos und läßt nur verhältnismäßig geringfügige Spuren des früheren Aufstaues zurück. Derartige Dammbrüche ereignen sich im Verlaufe des Abganges einer Mure nicht selten wiederholt; jedenfalls zählen sie zu den allerhäufigsten Erregern von Murschüben; ja Amerigo Hoffmann wollte in ihnen sogar die Hauptursache für den Abgang von Muren in unseren Hochgebirgswildbächen erkennen.

Wie bereits angedeutet, fällt die Hohlform, welche der Durchriß von Verklausungen in den felsigen Schluchtstrecken der Wildbachgerinne zurückläßt, meist mit dem ursprünglichen Talquerschnitte zusammen; er entzieht sich deshalb gern der Aufmerksamkeit späterer Beobachter, welche seine Spur gar bald wieder verwischt finden, und gibt überhaupt seltener Anlaß zur Vornahme von baulichen Maßnahmen. Es sind allerdings auch Fälle denkbar, wo es erwünscht sein könnte, Verklausungen, die sich im Laufe der Jahre immer wieder an derselben Stelle wiederholen und Anlaß zur Bildung von Murschüben geben, in Hinkunft zu verhüten; man könnte da an die Hebung und Verbreiterung der Sohle denken, wodurch gleichzeitig, je nach den örtlichen Verhältnissen, mehr oder weniger Raum für die Ablagerung von Geschieben geschaffen wird; in anderen Fällen verflacht man scharfe, „S"-förmige Krümmungen, beseitigt eingezwängte, riesige Felsblöcke oder schießt unvermittelt vorspringende und den Lichtraum des Bachbettes jäh einengende Felsnasen weg.

Weit größeren Anteil muß der Ingenieur an einer anderen Art von Dammanbrüchen — den eigentlichen Dammanbrüchen im engeren Sinne — nehmen; diese erborgen sich ihre Hohlform nicht vom Tale, sondern schaffen sich sie selbst. Ihre stauenden Barren bilden Schuttmassen, welche aus irgendeinem Grunde, z. B. wegen Verbreiterung des Talbodens, wegen Abnahme des Sohlegefälles usw. im Gerinne liegen geblieben sind; am häufigsten sind es eigene Murköpfe und Schotterwalzen des Hauptbaches oder schwemmkegelartige Massen, mit welchem die Seitengräben ihrem Aufnehmer den Talweg verlegt haben. In wie hohem Maße solche vorübergehende Schuttaufstapelungen zur Verwilderung der Rinnsale beitragen, wurde bereits weiter oben (S. 5, 6) betont.

In vielen Fällen stauen die eigenen Uferbruchmassen des Gerinnes den Bach vorübergehend auf; oder es legen sich die Barren bachnaher Muschelbrüche (Abb. 27), Blattbrüche usw. quer über den Wasserlauf; zuweilen hemmt das Trümmerwerk von Felsbewegungen den Abfluß (so z. B. vor Jahren ein Felsschlipf im Murrenbache bei Höfen im Lechtale). Am häufigsten aber bilden Murmassen von einmündenden Seitengräben Stauwälle.

So z. B. die drei Murgänge des Ganderbaches bei Kollmann unweit Waidbruck (Eisacktal, Südtirol), welche mit ihren mehr als 500000 Raummetern den Eisackfluß vorübergehend 18 m hoch aufstauten. Walcher (106) erwähnt bereits den „Passeyrersee" im Passeiertale oberhalb Meran, Südtirol, Simony den Dammdurchriß des Mitter- oder Grauen Sees unterhalb Reschen im Vintschgau, Tirol, am 17. Juni 1855; letzterer brachte auch den Stauriegel des darunterliegenden Haidersees zum Brechen; die Hochflutwelle richtete im Gebiete von Burgeis, Schleiß, Glurns usw. gewaltige Schäden an.

Nach Almagià (28) formten im Jahre 1896 Massen aus der Frana di Signatico im Tale der Parma (Nordapennin) einen kleinen, etwa 2000 m langen See (Abb. 21, S. 105 a. a. O.); der Stauriegel war 700—800 m lang; um einen verheerenden Durchriß zu verhüten, hob man einen tiefen künstlichen Abzugsgraben für den Fluß aus.

Für das Auge meist unmerklich sind die Schwellen, welche die Schwemmkegel der Seitenbäche größerer Flüsse erzeugen; im überhöhten Längenschnitte treten sie aber als „Schwemmkegelstufen" und „Schwemmkegelfluren" deutlich hervor.

Meist bricht noch während desselben Hochganges das Wasser den Querriegel durch; die Form der Schurfrinne richtet sich im allgemeinen nach der äußeren Form der Irrschuttablagerung; meist öffnet ein längerer, nach oben und nach unten zu allmählich auskeilender Schlauch den Leib des Schotterriegels; wo dieser einen zusammengedrängten, mehr breiten als langen Körper bildet, schrumpft der Schurfrunst auf einen kurzen Anbruch zusammen. Diese Dammanbrüche entzogen sich bisher meist der Aufmerksamkeit jener, welche vom geologischen Gesichtswinkel aus über Wildbäche schrieben; ihre Kahlfläche fällt in der Kahlheit der Schotterwüste, in die sie eingeschnitten sind, weniger auf und überdies unterscheiden sie sich bei flüchtigem Zusehen nicht besonders stark von den Schurfrunsen, welche man sonst in den Sammelbecken der Wildbäche antrifft. Die verbauenden Ingenieure dagegen haben die Dammanbrüche, ohne ihnen einen besonderen Namen zu geben, bereits wohl beachtet.

Auffälligere Dammanbrüche haben meist die Form einer dreikantigen Feilenblaike (vgl. Abb. 2, S. 78 des Werkes von Almagià [28]). Diese Gestalt entspricht wohl ihrer geologischen Entstehungsgeschichte. Der eigentliche Verlauf des Durchbruches eines solchen Irrschuttriegels ist aber zur Zeit noch nicht völlig geklärt. Zwei Möglichkeiten kommen vor allen anderen in Betracht.

Im Verhältnisse zur Breite langgestreckte Ablagerungen, wie sie die hauptbacheigenen Schotterausgußwalzen in sich verbreiternden oder gefällsschwachen Laufstrecken meist darstellen, werden durch die gegen das Ende der Ausbrüche nachkommenden, reineren Wassermassen wohl nach Art der Feilenanbrüche von unten nach oben her durchnagt. Die Lockerheit der jungen Ablagerung, ihre Durchtränkung mit Wasser, die Auftrieb erzeugt, mögen dem Schurfe die Arbeit wesentlich erleichtern. Kürzere Schwellen dagegen, wie sie die Murgänge von Seitenbächen erzeugen, können vielleicht auch auf andere Weise durchrissen werden. Vor dem stauenden Hindernis bildet sich nämlich ein kleinerer oder größerer See; seine Wassermassen durchnässen den stauenden Riegel, schwemmen Feinteilchen aus und führen schließlich eine Art „Grundbruch" herbei. In manchen Fällen könnte auch das von Terzaghi (103) beschriebene Setzungsfließen eine hinreichende Erklärung für den Dammbruch geben.

Wie immer auch der erste Durchriß durch die jungen Gefällsteilen und stauenden Riegel erfolgen mag, selten, ja eigentlich niemals erfolgt er so vollständig, daß dem Bache das gewohnte Rinnsal in seiner erforderlichen Quer- und Längenschnittbeschaffenheit wiedergegeben würde. Abgesehen von seiner Verwilderung und seinem ungeregelten Verlaufe entbehrt es auch der Ausgeglichenheit der Sohle; es ist deshalb noch auf Jahre hinaus in Umbildung begriffen; der Bach muß noch ausgiebige Räumungsarbeit leisten und viel Schotter fortschleppen, bis er die ursprüngliche Gleichgewichtslage seiner Sohle auch nur annähernd wiederhergestellt hat. Rücken immer neue Massen nach, und zwar mehr als der Bach in derselben Zeit wegschaffen kann, dann wird der Riegel zur Dauererscheinung; es entsteht ein See oder eine Riegelschotterflur. Da das ausgeräumte Geschiebe weiter unten Schaden anrichten kann, muß der Mensch eingreifen; er kann vornehmlich auf dreifache Art Abhilfe schaffen.

Erstlich kann der Ingenieur versuchen, durch den Einbau eines genügend hohen Querwerkes hinter dem Irrschutte den Ablagerungskörper als ganzen zurückzuhalten. Diese Lösung bietet den Vorteil, daß die natürlich enstandene Stufe als solche erhalten bleibt und dauernd im Sinne einer Verteilung der Wassermasse auf einen größeren Querschnitt und einer Zurückhaltung von Grobgeschiebe weiterwirkt. Sie ist aber nur möglich, wenn die Geländebeschaffenheit die Errichtung eines Schuttstauwerkes begünstigt und die Belassung der Staustufe den bachaufwärts gelegenen Anrainern keine unüberwindbaren Nachteile bringt.

Wo es die Rücksichten auf die Verkehrswege und die Siedlungen im Tale nicht gestatten, die eingetretene Zurückstauung des Wassers und des Geschiebes dauernd aufrechtzuerhalten (wie z. B. im Falle des Unglückes von Kollmann bei Waidbruck im Eisacktale in der Nacht vom 17. auf den 18. August 1891), ist es nötig, dem Bache bei der Beseitigung des aufstauenden Schuttes behilflich zu sein. Von unten beginnend, muß das Wildbett vertieft und entsprechend verbreitert werden; dabei ist auf die Erzielung günstiger Richtungsverhältnisse zu achten. Ausgezogene größere Steine und Blöcke werden gleich zum Schutze der neuen Ufer verwendet; es empfiehlt sich außerdem in den meisten Fällen eine entsprechende Sicherung der Sohle des Gerinnes. Auf technische Einzelheiten näher einzugehen, liegt nicht in der Absicht dieses Aufsatzes.

Wo die beiden ersten Lösungsarten der Frage der Verbauung solcher Dammanbrüche nicht am Platze sind, kann ein dritter Weg eingeschlagen werden. Man kann nämlich die bereits gebildete, vom wasserwirtschaftlichen Standpunkte aus aber unvollkommene und unvollendete Hohlform durch Abstaffelung mittels Grundschwellen oder niedrigen Sperren befestigen. Dabei verbessert man gleichzeitig die Richtungsverhältnisse des Wildgerinnes. Höhere Querwerke, etwa von der Art der Talsperren sind überflüssig, da ja bloß die Sohle des Bettes versichert zu werden braucht. Auspflasterungen können wenigstens streckenweise, da und dort aus verschiedenen Gründen in Frage kommen, ebenso der örtliche Einbau von Längswerken (Uferberollungen, Leitwerken usw.). Wichtig ist, daß das untere Abschlußwerk sich in den sonstigen Verbauungsplan gut eingefügt oder wenigstens einen durchaus gesicherten Stand erhält; zu diesem kann umsichtige Gründung, Schutz des Sturzfeldes und gute Bauausführung viel beitragen.

Auf ähnliche Weise machte man den Dammanbruch im Wildbache „Nant de Saint-Claude" (Savoyen) unschädlich. Die Hohlform (vgl. M. Kuß [43]) liegt im Trümmerkegel des Bergsturzes Bec-Rouges, welcher den Wildbach Nant de Saint-Claude aufstaute und zum Ein- und Annagen zwang (Abbildung bei Kuß [43], Taf. 10, 11). Die Verbauung des Dammanbruches erfolgte durch Staffelung der erzeugten Gefällstufe mittels planmäßig angeordneter Talsperren.

Zu einer anderen Lösung der Wegbarmachung einer Dammstufe griff die Eisenbahnlinie Chambéry—Turin; sie unterfährt den riesigen, den Arcfluß aufstauenden Schwemmkegel bei St. Martin la Porte in einem Tunnel.

In manchen Fällen gelingt es dem Menschen, rechtzeitig einzugreifen, und einen verheerenden Durchriß des Stauriegels zu verhüten. Diesem Zwecke dienen ähnliche Maßnahmen, wie die weiter oben geschilderten. In seltenen, vom Gelände begünstigten Fällen kann man den Wässern des Stausees auch durch einen künstlichen Graben (Parmafluß bei der Frana di Signatico nach Almagià [28]) oder durch einen Stollen unschädlichen Abfluß verschaffen.

Aufforstungs- und andere Begrünungsmaßnahmen entfallen natürlich bei der meist geringen Höhe der Dammanbrüche in aller Regel, abgesehen vielleicht von der Berasung der Uferböschungen, wie sie sonst bei den meisten Wasserbauten üblich ist. Dagegen wird es wünschenswert sein, das Schotterfeld des Stauriegels selbst schon aus ästhetischen und wirtschaftlichen Gründen land- oder forstwirtschaftlicher Benützung — in der Regel letzterer — zuzuführen.

Die Verbauungstätigkeit darf sich aber nicht auf den Dammanbruch allein beschränken, sondern muß außerdem trachten, die Quelle des Übels zu verstopfen, indem sie die Ursache der Bildung der Stauriegel und Schotterwalzen beseitigt. Tut sie dies nicht, so setzt sie nicht bloß den Schauplatz früherer Verheerungen neuerlichen Gefahren aus, sondern gibt auch die neuerrichteten Bauwerke der Vernichtung preis. Ausgenommen ist dabei nur der Fall, daß die Zurückhaltung des Schotterwulstes durch eine Staumauer versucht wurde; in allen anderen Fällen aber strömen bei Hochgängen aus den Geschiebeherden des Hauptbaches und der Seitengräben wieder neue Geschiebemassen in das eben erst frei gemachte Gerinne, schütten es wieder zu, schottern die Bauwerke ein und bedrohen sie mit Umgehung und Zerstörung. Der umsichtige Ingenieur wird daher neben oder noch besser vor der Regelung des Dammanbruches die Geschiebeherde im Sammelgebiete verbauen und zum Verheilen bringen. Zur Verringerung der Gefahr der Bildung von Stauwülsten kann auch die Regelung der Mündungsstrecke des Seitenbaches etwas beitragen; gibt man ihr eine tunlichst spitzwinklige Richtung, dann bewältigt der Hauptfluß die Geschiebewalzen leichter, als wenn sie sein Bett senkrecht trifft.

Im Anschluß an die Erörterungen über Dammanbrüche muß noch darauf hingewiesen werden, daß zahlreiche Verklausungen in Bächen durch Holz herbeigeführt wurden, welches unachtsame Waldbesitzer oder rein auf den eigenen Vorteil bedachte Holzhändler in oder neben den Gerinnen aufstapelten. Obwohl durch derartige, geradezu verbrecherische Nachlässigkeit schon unzählige Male schwere Schäden und namenloses Unheil angerichtet wurden, trifft man Verstöße gegen dieses Gebot der Freihaltung unserer Wasserläufe immer noch auf Schritt und Tritt an. In vielen Ländern haben Gesetze, welche gefährliches Ablagern von Holz im Hochwasserbereiche der Gewässer verbieten, einige Besserung gebracht. Ein hübsches Bild eines durch zusammengeschwemmtes Holz gebildeten „Dammes" bringt Russel[93] vom Teanaway River, Washington, auf Taf. 12 B (S. 238).

Reinhaltung der Gerinne ist überhaupt eine unerläßliche Voraussetzung der Verhütung von Verklausungen, Dammbrüchen und Hochwasserschäden. Es soll deshalb nicht bloß das Einwerfen von Reisig, Abfallholz usw. in die Wasserläufe vermieden, sondern jedes Wildbachbett von Gemeinde wegen von Astholz, Wildholz, Jungschutt u. dgl. gereinigt werden; denn jede Lawine, jede Rutschung schleppt Baumstämme, Strauchwerk usw. in die Gerinne; die Bachbegehungen sollten außerdem nach jedem größeren Hochwasser wiederholt werden.

Eine seltenere, besondere Unterart von Dammbrüchen ereignet sich zuweilen im Leibe von Gletschereis, das beim Vorstoße den Talweg eines Gewässers versperrt und einen See („Eissee") aufstaut. Es sei da an das Zungenende des Langenferner erinnert, welcher wiederholt die Plima (Martelltal, Südtirol) zu einem See aufstaute (Ausbruch z. B. verheerend am 18. Juni 1891; Beschreibung vgl. Toula[104]). Oder an die Ausbrüche des Rofener Eissees im Ventertale, die uns Walcher und Richter beschrieben haben; diese Forscher berichten auch über die Vorschläge, welche zur Verhütung solcher Unglücksfälle gemacht worden sind. Weitere Wasseraufstauungen durch Eisdämme sind z. B. der Gurglereissee (oberhalb Obergurgl, Ötztal, Tirol), der Märjelensee (Aufstau durch den Aletschgletscher; Durchbruch u. a. am 19. Juli 1911) u. a. m.

6. Der Blattanbruch (Plattenanbruch).

Vorbemerkung.

Die früher betrachteten Anbrüche, die Feilen-, Keil-, Ufer- und Dammblaiken nehmen ihren Ausgang von der bald seitlich, bald in die Tiefe schürfenden Arbeit des Wassers; zu dessen Tätigkeit gesellen sich dann als Folgeerscheinungen hier in geringem, dort in größerem Ausmaße Bodenbewegungen aller Art.

Die nun zu behandelnden Anbrüche — die Blatt- und die Muschelblaiken — entstehen einzig und allein durch Massenbewegungen (Rutschungen mannigfachster Art); das rinnende, oberflächlich abfließende Wasser nimmt auf ihre erste Anlage selten und höchstens etwa in der Weise Einfluß, daß es, über einen Hang herabrieselnd, den Boden durchfeuchtet und rutschgeneigt macht. An der Weitergestaltung der entstandenen Blaike beteiligt sich dann allerdings auch das rinnende Wasser in mehr oder minder hohem Grade. Die Unabhängigkeit der Platten- und Muschelanbrüche von den Wasserläufen kommt schon dadurch zum Ausdruck, daß die Orte ihrer Bildung nicht an Gerinne gebunden sind, wie jene der Feilen-, Keil-, Ufer- und Dammblaiken; sie treten an beliebigen Stellen des Hanges, oft weit von einem Bachbette entfernt auf oder liegen höchstens in der rückwärtigen Verlängerung einer Quellfurche. Für die Gewässerregelung kommen nur jene Blaiken in Betracht, welche ihre Stoffe in Gerinne hinein entleeren.

Es würde den Rahmen des vorliegenden Büchleins, das für den in technischen Dingen weniger erfahrenen Geologen und den der Geologie ferner stehenden Wasserbauer berechnet ist, weit überschreiten, wollte ich hier die Vorbedingungen und die Einteilung der Rutschungen ausführlich beschreiben; diejenigen, welche sich darüber näher unterrichten wollen, seien auf das einschlägige Schrifttum und auf meine „Technische Geologie" verwiesen. Nur der hohe Anteil, den die Durchnässung eines Hanges neben seinem Baustoffe, seinem Neigungswinkel usw. an der Inbewegungsetzung der Massen nimmt, sei hier besonders hervorgehoben; deshalb bilden sich die Blatt- und Muschelblaiken in aller Regel während der Zeit lebhafter Schneeschmelze, in „nassen Jahren" (also während langanhaltender Regenfälle), im Verlaufe von Hagelschlägen und Hochgewittern, Wolkenbrüchen u. dgl.; auch der Ort ihres Auftretens am Hange ist — gänzlich unabhängig von oberflächlich rinnendem Wasser — in vielen Fällen an Stellen größerer Bodenfeuchtigkeit, also an Hangteile mit lebhafterer unterirdischer Wasserbewegung geknüpft.

Die vorbereitenden Ursachen haben Blatt- und Muschelanbruch miteinander gemeinsam; erst die Angriffsweise und örtliche Ausdehnung des auslösenden Anstoßes und die zustande kommende äußere Hohlform gestatten ein Auseinanderhalten beider bis zu einem gewissen, durch die häufigen Übergangsformen begrenzten Grade. Ein Blattanbruch entsteht nämlich, wenn die auslösenden Kräfte auf einer verhältnismäßig breiten, als „Gleitebene" entwickelten Fläche ziemlich gleichmäßig stark sich entfalten und kein Punkt des Gleitkörpers von einem anderen hinsichtlich der Tiefe seines Eingreifens in den Leib der Erde merklich begünstigt erscheint.

Der Blattanbruch.

Die „Gleitfläche" oder besser gesagt, die Bewegungsfläche der Blattanbrüche ist, wenn auch nicht immer glattgescheuert und augenfällig,
doch stets vorhanden und im großen und ganzen als Ebene entwickelt.
Meist ist sie, geologisch gesprochen, eine Schichtfläche zwischen zwei
nach Durchlässigkeit und Zusammenhang voneinander verschiedenen
Ablagerungen; sie zählt dann zu den bereits in der Natur vorbereiteten
und in den Bodeneigenschaften sichtbarlich bedingten Abtrennungsflächen. Die rutschende oder abgleitende Schicht ist meist dünn; nur

Abb. 25. Übergänge zwischen Blattanbrüchen und seichtschaligen Muschelblaiken im
Pöllergraben bei Frohnleiten (Steiermark). Eigenaufnahme 1930.

Blattbrüche festen Gesteins auf glatter Felsunterlage zeichnen sich
manchmal durch größere Mächtigkeit der bewegten Scholle aus; ich erinnere da an die dicken, meist gelblichweißgefärbten Rogenkalkbänke,
welche auf den grauen Kalken des Westhanges der Zugna torta ins Etsch-
tal glitten und die Trümmerberge der Slavini di S. Marco auftürmten.
In anderen Fällen gleiten geringmächtige Gesteinsbänke zu Tal; so beim
Bergschlipfe unweit der Schießstätte von Torbole am Gardasee (Abb. 26).
Zu den Blattanbrüchen gehört auch ein kleiner Teil der Frane di scivolamento Principis[17] (S. 575).

Meist rutscht die lockere Rasendecke auf dem dichter gelagerten,
kräftiger zusammenhaltenden Unterboden oder der ganze Obergrund
auf dem Untergrunde ab (Abb. 25); dann legt der Blattanbruch den

rohen, mineralischen Untergrund auf einer im großen und ganzen ebenen, aber rauhen Oberfläche bloß. In anderen Fällen schält die Bewegung die Rasen- und Verwitterungsdecke über dem glatten, durch Sicker- wässer immer wieder schlüpfrig werdenden Anstehenden ab. So z. B. auf den Lehnen hinter Amstetten die Witterstoffdecke auf der die Schicht- köpfe unter mittelsteilem Winkel schneidenden Oberfläche des Schlier; über die Steilhänge der Umgebung von Aussee (Salzkammergut) wandern

Abb. 26. Felsiger „Blattanbruch" (Felsschlipf) bei Torbole am Gardasee. Eigen- aufnahme 1905.

an vielen Punkten die Wittermassen der Eiszeitmoränen ganz langsam herab, ohne daß die Pflanzendecke reißt; bei länger anhaltenden Nieder- schlägen aber gleitet, wie z. B. im Juni 1929, da und dort eine „Platte" des Verwitterungsschuttes auf der seifig gewordenen Oberfläche der Moränen oder der Bändertone ab; in einem Falle wurde hier die Durch- nässung der Bruchstelle dadurch hervorgerufen, daß ein gedeckter Graben, welcher die Niederschlagwässer von Häusern der Gemeinde Obertressen bei Aussee schräg über die Lehne leiten soll, an mehreren Punkten schad- haft geworden war und seine Wässer in den Hang einsickern ließ.

Aus den sog. Scherbentongebieten des Apennin beschreibt Braun[61] (S. 35—37) flach verlaufende, „flächenhafte" Bodenbewegungen, die er als Anfangstufe I bezeichnet; nach ihm durchzieht die Rasendecke an vielen Stellen ein Netzwerk

von Spalten (bis zu 80 m tief und über 5 cm breit), in welche die Niederschlagwässer einsickern. Braun trennt diese meinen „Blattanbrüchen" entsprechenden
Formen von den eigentlichen „Frane" ab.

Da die überwiegende Mehrzahl der Blattanbrüche etwa gleich den
„Schneebrettern" der Lawinenstriche gar nicht tief in den Leib des
Hanges eingreift, verhindert ein Waldbestand aus tiefwurzelnden Holzarten in aller Regel ihre Entstehung; man trifft sie daher meist auf land-
wirtschaftlich benutzten Flächen; so z. B. auf den reichlich beregneten
Matten über dem Waldgürtel, auf Wiesen und Weiden. Waldflächen
tragen solche Wunden meist nur dann, wenn sie kahlgeschlägert wurden
oder mit reinen Fichtenbeständen bestockt sind. Das seicht in den
obersten Bodenschichten verlaufende Wurzelnetz der Fichte vermag
Blattanbrüche nicht zu verhindern. Weit günstiger verhalten sich die
tiefwurzelnden Holzarten, wie z. B. Kiefer, Eiche, Esche, Ahorn, Lärche
usw. In blattanbruchbedrohtem Gelände sollte man daher bei der Anlage von Kahlhieben vorsichtig sein, und bei der Aufforstung Misch-
bestände schaffen.

Je nach den Geländeverhältnissen fällt die Bewegungserscheinung
unter die Gleitbewegungen, oder zählt zu den Stürzen; das langsame,
die Rasendecke schonende „Schuttwandern" kommt hier nicht in Betracht, weil es keine eigentlichen Kahlflächen schafft; es wird bei den
Jungschutt-Geschiebeherden berücksichtigt (S. 106). In Form kleiner
Wunden (Abschürfungen) des Bergkörpers tritt der Blattbruch namentlich auf den steilen, oberhalb der Waldgrenze liegenden Matten in den
Einzugsgebieten der Wildwässer auf; er fehlt aber auch nicht auf Lehnen
niederer Seehöhen, deren Felsgerüst von einer annähernd gleichmäßig
dünnen Schutthülle bedeckt ist, oder deren Rasendecke abgleitet; hier
gesellt er sich dann manches Mal als Folgebruch auch zu den Uferbrüchen,
ihre Ränder auslappend; oft beobachtet man ihn aber auch allein in
selbständiger Entwicklung.

Für die Geschiebezufuhr in die Gerinne spielt er gegenüber der Schutt-
förderung der anderen Anbrüche eine meist mehr untergeordnete Rolle.
Dies schließt aber nicht aus, daß zuweilen auch gewaltige Felsschlipfe
eintreten, wie jener von S. Marco in Tirol und von Goldau in der Schweiz.
Hier glitten am 2. 9. 1806 von dem über 1500 m hohen Roßberge große
Massen der rund 30 m mächtigen Nagelfluhbänke auf ihrer Mergelunter-
lage ab, die durch Regen- und Schneeschmelzwasser völlig durchweicht
und schlüpfrig geworden war. Aber auch die zahlenmäßig nicht sehr große
Geschiebezufuhr durch kleine Blattblaiken kann in Wildbachgerinnen gefährlich werden; so besonders mittelbar dann, wenn durch sie die Bachbetten verwildert, die Entnahme weiterer Geschiebemassen vorbereitet
und Angriffe auf Sohle und Flanken des Talweges eingeleitet werden.
Es sei diesbezüglich z. B. auf die Verhältnisse im Kapellengraben bei

St. Stefan ab Leoben verwiesen, dessen hochgelegene Blattbrüche zu den Verheerungen im Mittel- und Unterlaufe viel beitragen.

So wenig tief auch die Wunden sein mögen, welche Blattbrüche den Hängen schlagen, ihre natürliche Ausheilung erfordert doch meist längere Zeit. Inzwischen arbeiten die Niederschläge, der Frost, und zahlreiche andere geologische Kräfte an der Ausgestaltung des Anbruches; das abrinnende Wasser spült Feinstoffe ab, untergräbt größere Steinchen und bringt sie gleich den vom Froste losgelösten zum Abkollern; es schwemmt den Samen und die Keimlinge ab, welche sich eben anschickten, die Kahlfläche wieder für das Pflanzenleben zu erobern; es furcht in die Schrägebene der Blaike Regenrillen ein und sucht sie am unteren Ende des Anbruches zu einer nach abwärts sich verlängernden und vertiefenden Runse zu vereinigen; auch kleine Feinbewegungen des steil geböschten, oft sogar überhängenden, oberen Bruchrandes treten so lange ein, bis er sich entsprechend abgeböscht hat. Erst in Jahren mit günstiger Witterung oder dann, wenn der Anbruch eine vergleichsweise größere „Formbeständigkeit" erreicht hat, faßt der Pflanzenwuchs wieder festen Fuß und schließt allmählich die Lücke im grünen Kleide des Hanges.

Überall dort, wo Blattblaiken die Geschiebeabfuhrverhältnisse eines Baches unmittelbar oder mittelbar lebhafter beeinflussen, wird es sich empfehlen, durch künstliche Mittel ihre Beruhigung zu beschleunigen. Da die Kräfte, die den Blattanbruch ausgestalten, seinem Wesen entsprechend auf der ganzen Fläche ziemlich gleich stark angreifen, so wird man sinngemäß bauliche und wirtschaftliche Maßnahmen annähernd gleichmäßig über seine ganze Fläche zu verteilen haben, ohne daß einzelne Punkte vor anderen eines besonders starken Schutzes bedürften. Ist, und das besagt ja eigentlich schon der Name „Anbruch", die Grobbewegung restlos vollendet, dann genügen im großen und ganzen geringfügige bauliche Herstellungen (Verflechtungen, Verpfählungen, niedrige Lehnenmauern usw.); das Hauptaugenmerk ist auf entsprechende Berasungs-, Bebuschungs- und Aufforstungsmaßnahmen zu legen. Im Entstehungs-, oder, mit anderen Worten gesagt, im Rutschungszustande befindliche Blattbrüche lassen sich in vielen Fällen durch Aufsuchen der Gleitfläche und vollständige Entwässerung derselben zum Stillstande bringen.

Für die Aufforstung von Blattanbrüchen dürfen nur tiefwurzelnde Holzarten verwendet werden (Eiche, Esche, Ahorn, Lärche, Weißkiefer, Robinie, Edelkastanie usw.); unter diesen verdienen wiederum die rasch wachsenden den Vorzug (so z. B. Lärche, Robinie, Weißkiefer, Esche). Sorgfältig muß darauf geachtet werden, daß die gewählte Holzart dem Standorte entspricht; so eignet sich z. B. die Robinie auch noch für arme, trockene Böden, verlangt aber mildes Klima; noch etwas größer sind die Wärmeansprüche und die Frostscheu des sehr schnellwüchsigen, kräftig den Boden festigenden Götterbaumes (Ailanthus glandulosa). Die Weißkiefer ist ähnlich genügsam, geht aber ziemlich hoch ins Gebirge und in kalte Gegenden hinauf; die Esche liebt feuchtere Böden und bewährt sich im Gebirge ebensowohl wie in der Ebene. Für große Seehöhen kommt die Bodennässe scheuende Lärche in Betracht; die Zirbe empfiehlt sich weniger, weil sie in der Jugend sehr langsam wächst. Die Wurzeln der Waldbäume wirken ähnlich wie Verpfählungen; die dem Abgleiten besonders ausgesetzte Humusdecke wird gewissermaßen an den standfesten Untergrund angenagelt und festgehalten.

Oberhalb der Waldgrenze müssen bauliche Mittel das Wirken der Gehölze ersetzen; zwischen den Steinsetzungen, den niedrigen Trockenmauern usw. bringt man mit Vorteil Rasenplaggen auf, um die weitere Abspülung und Abschwemmung des Bodens zu unterbinden.

Auf feuchteren Hängen leisten kleine Entwässerungen einfachster Art und Bebuschungen mit Weiden und Erlen in allen Seehöhenlagen gute Dienste.

7. Der Muschelanbruch und seine Unterformen.

Allgemeine Vorerörterungen.

Die muscheligen Ausrisse gehören zu den häufigsten und auffälligsten Formen, in denen Ödland inmitten grüner Fluren und Wälder auf den Flanken unserer Berge dem Auge des Wanderers sich darbietet.

Sie erhielten ihren Namen von ihrer äußeren Form. Diese ist aber keine bloß zufällige, sondern in der Entstehungsart des Ausrisses wohl begründet, die Heim[38] bereits trefflich geschildert hat (französisch combe). Hangneigung, Baustoff der Lehne, Bodendecke, Höhenerstreckung des Steilhanges, Geländegliederung, Feuchtigkeitsgrad des Bodens (Wasserverhältnisse des Hanges) usw. bringen mannigfache Abwechslung in den äußeren Anblick, den eine Muschelblaike darbietet. Demontzey[6] hat uns auf Taf. 3 (Abb. 3 u. 9) eine Reihe anschaulicher Beispiele vor Augen geführt.

Die Eigenschaften der Örtlichkeit, welche die Bewegung vorbereiten, sind beim Muschelbruch dieselben, wie bei Massenbewegungen überhaupt; verschieden von anderen Arten der Rutschungen sind erst Art und Weise der Auslösung des Vorganges der Abbruchbewegung. Beim Muschelbruche greift der Bewegungsanstoß vornehmlich an einem, seltener an mehreren Massenpunkten mit besonderer Kraft an; niemals ist die Stärke des die Bewegung veranlassenden Angriffes, an ihrer Wirksamkeit gemessen, auf der ganzen Fläche gleich; stets verdichtet sie sich mehr oder weniger deutlich an einer Stelle des zu bewegenden Körpers (einfache Muschelbrüche), in Ausnahmefällen nur an zweien oder dreien (zusammengesetzte Muschelanbrüche). Selbst in den größten, viele Hektar bedeckenden muscheligen Ausrissen kann mühelos eine Stelle gefunden werden, in welcher der Schwerpunkt der Bewegung und der Tiefpunkt oder Grund des Anbruches erblickt werden kann. Eine eigentliche vorbereitende Gleitfläche fehlt wohl stets; die Trennungsfläche bildet sich erst zu Beginn der Abrutschung und ist daher als reine Ablösungsfläche entwickelt. Aus dieser eigenartigen Verteilung der Stärke des Bewegungsantriebes erklärt sich ohne weiteres die Form des Anbruches, die mit einer Muschel oder unter Umständen mit einer flachen, länglichen Schüssel oder einer Schaufel verglichen werden kann.

Damit, daß bei den Muschelblaiken in aller Regel ein einziger tiefster Punkt gleich oberhalb ihres sog. „Halses" gefunden werden kann, stimmt aufs schönste die Beobachtung überein, daß die bogenförmigen Spalten, die oberhalb des eigentlichen Bruchrandes fast regelmäßig aufklaffen, mehr oder minder mittig angeordnet sind, während sie bei den Blattan-

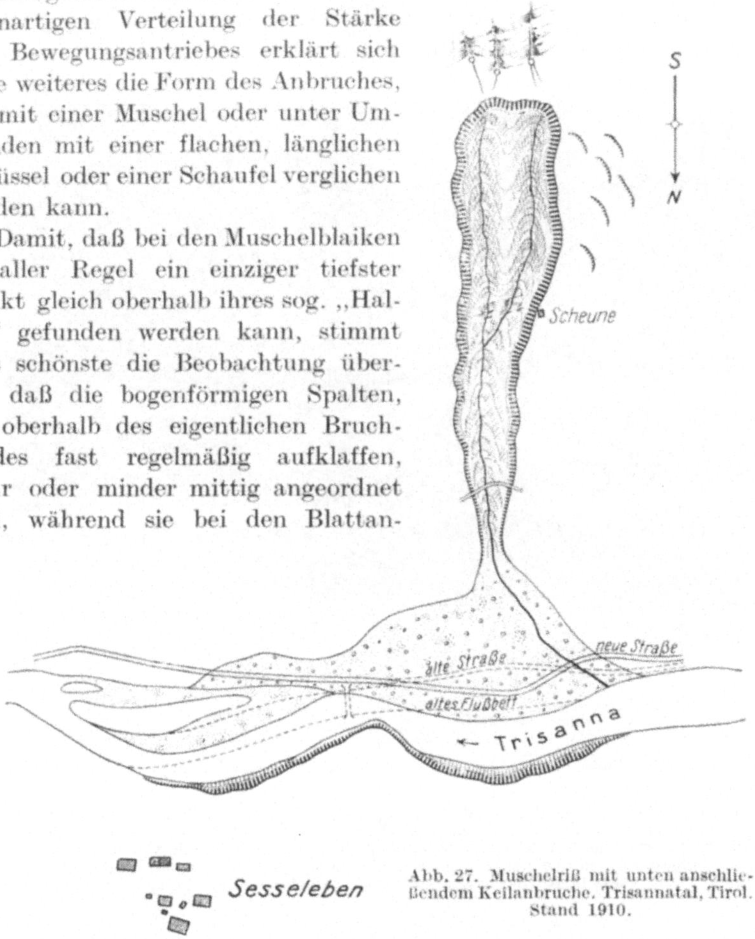

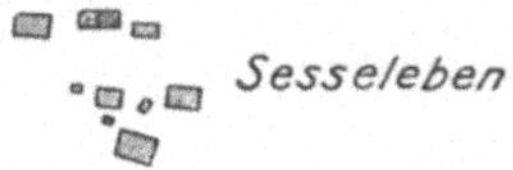

Abb. 27. Muschelriß mit unten anschließendem Keilanbruche. Trisannatal, Tirol. Stand 1910.

brüchen zumeist annähernd geradlinig und bei den Uferanbrüchen sehr häufig langgezogen wellenförmig oder auch zackig, seltener streckenweise geradlinig verlaufen. Freilich gibt es auch muschelige Ausrisse, bei denen statt des Tiefpunktes eine Art „Tieffläche" auftritt; diese bilden den Übergang zu den Blattanbrüchen, denen sie sich auch schon durch den seichteren, weniger gewölbten Verlauf der Hohlfläche nähern (Abb. 25).

Wie alle Massenbewegungen, so lassen auch die Muschelbrüche eine Gliederung des Raumes erkennen, den sie heimsuchen. Besonders das Ablagerungsgebiet (regione di deposito) scheidet sich in aller Regel klar vom Abbruch- oder Abrißgebiet (regione di rottura, zona del distacco). Zwischen ihnen ist eine längere oder kürzere Wegbahn (regione di scivolamento) stets vorhanden und kann unschwer strenger als die Strecke ausgelegt werden, welche der Schwerpunkt der sich bewegenden

Abb. 28. Rutschungskeimling in der Verwitterungsschwarte des Flysch bei St. Michel unweit Seitenstetten N. Ö.; im „Zugbereiche" der Rutschung neigen sich die Bäume nach rückwärts; der Gipfel des Fichtenbäumchens hat sich bereits wieder in die Lotrechte eingestellt; an den Astquirlen kann man abzählen, vor wieviel Jahren ungefähr die letzte Bewegung stattfand. Eigenaufnahme 1906.

Masse zurücklegt. Die Länge der Bahn hängt von den Geländeverhältnissen und von der Bewegungsart ab. Hindernisse bringen die Bewegung oft bald zum Stillstande.

Die losgelöste Masse legt dann nur einen ganz kurzen Weg zurück; ihre Ablagerung erfolgt entweder teilweise noch innerhalb des Abbruchgebietes oder gleich unterhalb desselben, so daß die Hohlbahn, auf der die Bewegung erfolgte, nicht schärfer hervortritt und von ihr nur ein kurzes Stück sichtbar ist. Ja, manches Mal ist fast die ganze Ausbruchnische von der in ihrem Zusammenhange noch wenig gestörten, seltener bereits mehr oder minder durcheinandergerüttelten Scholle erfüllt; diese verhüllt die ganze Fläche der Bahn und läßt nur am oberen Bruchrande eine schmale kahle Sichel (abrupt en arc de cercle nach Martonne[81]) der Bruchmuschel frei sichtbar hervortreten (Abb. 28). Außer diesem winzigen Kahlstreifchen verraten oft nur Erdklüfte oberhalb der Abrißstelle, ein mehr oder minder deutlicher Höhenunterschied zwischen oberem Bruchrand und Oberkante der abgeglittenen Scholle, seitliche Scherklüfte und aufbrandende Wülste im Ablagerungsgebiet die stattgefundene Massenbewegung. Das sind die sog. „Rutschungskeimlinge" oder „Muschelanbruchkeimlinge"; es sind Anbrüche, deren Vollausbildung im Keime erstickt wurde.

Derartige Rutschungskeimlinge kommen auch bei den Uferanbrüchen vor. Sie können sich recht bösartig entwickeln, wenn ihre Massen stärker durchbewegt wurden und in die entstandenen Risse und Klüfte Tagwässer eindringen. Derartige alte, zu Regenzeiten immer wieder auflebende Keimlingsbruchmuscheln haben z. B. die zweite Wiener Hochquellenleitung bei Neustift unweit Scheibbs (Niederösterreich) bedroht und zur Anlage eines Umgehungsstollens gezwungen.

Langsam gleitende Massen legen meist nur eine kurze Spanne Weges zurück und werden nur wenig durcheinandergerüttelt; rutschende Körper entfernen sich weiter von ihrer Ausbruchsnische und verlieren mehr oder minder ihren inneren Zusammenhang. Stürzender Schutt reißt Löcher in seine Bahn, wandert weit und lagert sich unruhig. Waren reichliche Mengen von Feuchtigkeit im Boden vorhanden, dann artet der Abbruch oft in eine Mure oder ein Gewälze im kleinen aus; dabei wird die Bahn nicht selten zu einer Schurfmulde gestaltet. Bricht ein ganzer Wassersack los oder liegt die Anbruchsstelle in einer Hangmulde, die bei Niederschlägen Wasser führt, dann wühlt das der Schuttmasse nachstürzende Wasser eine echte Schurfrinne aus.

Von der „Bahn" als Bühne, auf welcher die Bewegung vor sich ging, muß man die Hohlform unterscheiden, welche auch noch nach der ersten Anlage des Anbruches den Abgang der Massen erleichtert. Auch sie wird meist „Bahn" genannt. Diese „Dauerbahn" fehlt den Muschelblaiken oft, wenn sie auch hier häufiger zur Entwicklung kommt als bei den Blattanbrüchen, deren vergleichsweise spärlichen, nicht sehr schweren Massen meist auf breiter Fläche über den Hang hinabkollern, ohne die Pflanzendecke nennenswert zu vernichten. Die Muschelbrüche senden dagegen ihre Stoffe in geschlossenerem Zuge zu Tal, weil die nach dem Blaikengrunde zusammenlaufenden Fallinien die gedrängte Abfuhr der Massen begünstigen. Derart zusammengeballte Erdklumpen und Schuttkörper sind natürlich mit größerer Schurfkraft begabt als die auf breiter Linie über den Hang verteilten Massen der Blattanbrüche; wo daher die Muschelausrisse einigen Umfang haben, reißen ihre abrutschenden

Stoffe den Hang auf und graben in ihn eine Furche ein, welche das nachstürzende Wasser nur noch vertieft (Abb. 29); je größer die Bruchnische ist, um so klarer und schärfer bildet sich auch unter sonst gleichen Umständen die Zugbahn aus, die nach dem ersten Ausrisse immer wieder von den Nachbrüchen und den Niederschlagswässern benützt wird. Nicht selten „pflügen" die aus- und abgleitenden Massen den oberen Teil der Bahn keilanbruchähnlich aus; dann schließt sich an den eigentlichen „Grund" und Tiefpunkt der Blaike eine nach unten zu allmählich schmäler werdende Hohlform an, eine Art Keilblaike, welche die Reingestalt eines Muschelausrisses verwischt (Abb. 27); derartige Muschelblaiken ent

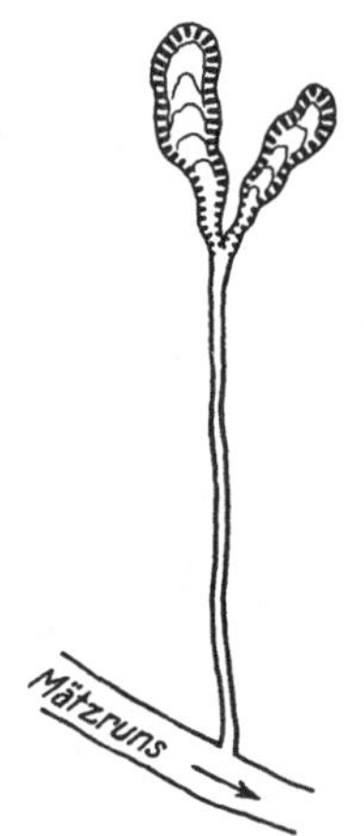

Abb. 29. Zwillingslöffelanbrüche im Haslen-Dorfbach (Kanton Glarus, Schweiz), nach SALIS. Schurffurche (vertiefte Bahn) unterhalb der Ausrißnischen.

behren eines deutlichen Halses und sind aus einem Muschelausrisse (vorherrschende Form) und einem Keilanbruche (Zusatzform) zusammengesetzt. Man kann also Muschelanbrüche ohne und mit einer längeren, deutlich dem Hange eingeprägten Zugbahn unterscheiden. Erstere, sog. stiellose oder ungestielte Muschelblaiken bleiben häufig auf einer gewissen, mehr oder weniger unvollkommenen Entwicklungsstufe stehen und erscheinen dem Auge des Beobachters meist breiter als lang (hoch). Das sind die Ausrisse und Absitzungen schlechtweg. Toula[104] hat von ihnen eine treffliche Abbildung gegeben (S. 72). Die gestielten Muschelanbrüche (Abb. 30) liegen meist in einer Furche des Hanges oder münden in eine solche aus; sie sind gewöhnlich länger als breit; ihre Hohlform zeigt unterhalb ihres „Grundes" eine deutliche Einschnürung, die „Hals" genannt wird; dieser ist bei den ungestielten Muschelanbrüchen meist nur recht unvollkommen entwickelt. Erfaßt die Rutschung ganze Streifen des Hanges, dann werden die Sturzbahnen ihrer Bodendecke vollständig beraubt, die oberen Schichten streifenweise mitgerissen und so ein oft langer und breiter Streifen von Ödland auf dem Hange geschaffen; die äußere Form des Anbruches wird dann mehr löffelartig (Löffelanbruch, entstanden durch einen Löffelbruch, Abb. 29).

Beispiele für diese Ausbildungsart liefern die Lochersriepe (Sautenser Mure im Ötztal) und die Muschelblaike im Neuhausgraben bei Gais (Ahrntal). Auch die zum Teile schon wieder verwachsenen Muschelbrüche am rechten Ufer des Ederbaches bei Oetz, das „lange Rinnele", die „alte schiache Mure" und die „neue schiache Mure" wären hierher zu zählen. Bargmann[149] bildet einen Löffelanbruch aus dem Samertale (Nordtirol) ab, dessen Stiel sich feilenanbruchähnlich weiter entwickelt hat; die Mannigfaltigkeit der Formen der Natur erschwert eben die Einteilungen des Menschen, indem sie die Grenzen durch vielfältige Übergänge verwischt.

Einen Ausschlag über die durchschnittliche Grundrißform der gestielten Muschelblaiken hinaus nach der anderen Seite hin stellen die
gedrungen geformten, spatelartig umrissenen „Spatelblaiken" dar
(Abb. 30).

Auf ihre Bildung wirft eine im Frühjahre 1911 erfolgte Rutschung an dem
Wege von Reischach bei Bruneck (Pustertal) gegen den Weiler Ried zu ein helles
Streiflicht. Auf einem unter etwa 50—55 vH geneigten, schütter mit Föhrenhoch-
wald bestockten Hange geriet ein ungefähr 12—13 m breiter Bodenstreifen von
1—1¹/₂ m Mächtigkeit ins Rutschen; der Baustoff des Hanges besteht aus einer
sandigen, stark mit Lehm vermischten Grundmasse, in der sich scharfkantige
Phyllitbrocken sowie besser bis wohlgerundete große und
kleine Geschiebe von Tonalit, Gneisgranit, Urgebirgsschiefer,
Quarz, Kalk, Mergel, Grödnersandstein, Verrukano und
wohl auch Werfener Sandstein vorfinden. Die äußere An-
regung zur Abrutschung mag
in den Boden massenhaft eingedrungenes Schneewasser gegeben haben, das auf die Boden-
teilchen reibungsvermindernd
wirkte und einen großen Druck
ausübte. Mit dem wankenden
Boden glitten auch die den Boden stark beschwerenden Baumstämme samt ihren Wurzel-
ballen in die Tiefe; die ganze
Masse wälzte sich in grauen-
haftem Durcheinander über den
knapp darunter vorüberziehenden Karrenweg und schob ihre
Zunge über ein unter bloß 15
bis 20 vH fallendes Wiesen-
gelände bis zum rund 100 m
entfernt fließenden Wiesen-
bache vor. Baumstämme, größere Blöcke und Schlamm-
klumpen bezeichneten in dichter Saat die Bahn, die der

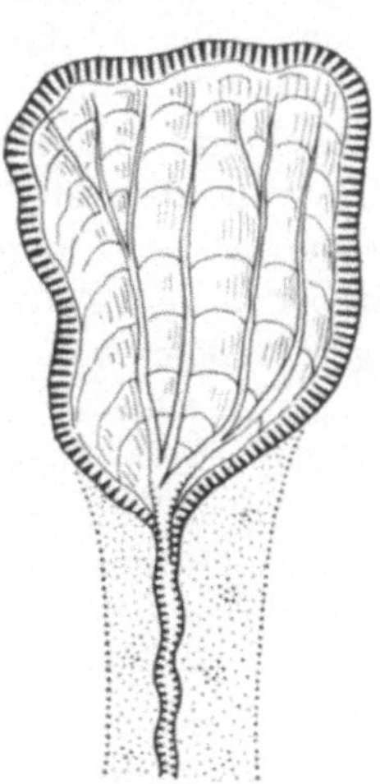

Abb. 30. „Spatelblaike" bei
Reischach oberhalb Bruneck,
Pustertal; Stand 1911.

Abb. 31. Rutschungs-
treppe beim Schallgütl
N. von St. Michel am
Bruckbach b. Seitenstet-
ten N. Ö. Stand 1930.

Schlammstrom genommen hatte. Bemerkenswert ist die Lage der Gleitfläche
knapp unter dem Wurzelgeäder der Waldbäume; bis hierher vermochten die
Schmelzwässer, den durch die Bewurzelung geschaffenen Bahnen folgend, ein-
zudringen; das Einsickern in größere Tiefe begegnete einem stärkeren Wider-
stande und konnte daher nur langsam vor sich gehen, so daß es zur Bildung
eines förmlichen Wassersackes kam. Das von der überlagernden Last befreite
Wasser stürzte den rutschenden Massen nach und riß in den Anbruch mehrere
Furchen, die sich im „Grunde" der Muschel vereinigten; die hier gesammelten
Fluten wühlten eine von Steilwänden begrenzte, gegen 8 m lange und stellenweise
über 1 m tiefe, trogartige Runse auf, die erst mit abnehmendem Gefälle sich ver-
zweigte und in den Ablagerungen sich verlor. Die Spatelblaike von Reischach
stellt auch in anderer Hinsicht eine Übergangsform dar; ihre Hohlform ist nur
wenig hangeinwärts eingebaucht und gleicht so mehr einer flachen Schale als einer
Muschel; nimmt man nicht die Umrißform („Spatel"), sondern die körperliche

Gestalt der Nische zum Ausgangspunkte der Einteilung, so wird man die Reischacher Lehnenanbrüche zu den „Schalenanbrüchen" zählen.

Was die äußere Form des Abbruchgebietes der Muschelblaiken anlangt, so ist sie überaus mannigfaltig. Von den „gestielten" Muschelanbrüchen wurden die „Löffel"- und die Spatelblaiken bereits beschrieben. Sonst herrscht bei ihnen im allgemeinen der Umriß einer mit der Spitze nach abwärts gekehrten Birne („Birnblaiken") vor; jedoch bedingen örtliche Verhältnisse mannigfache Abweichungen von der Grundgestalt. Die Umrisse der „ungestielten" Muschelblaiken wurden bereits angedeutet. Gedrungen und stark verbreitert erscheint der Umriß von Muschelbrüchen an Steilstufen geringer Höhe (Abb. 252, S. 409 bei Stiny [101] und Abb. 25 dieses Büchleins); der im nahen Gefällsbruche auftretende Widerstand vernichtet rasch die Bewegungsgröße der einsetzenden Rutschung. Solche Formen kann man sehr häufig unter den Kanten niedriger

Abb. 32. Ineinanderschachtelung zweier Muschelausrisse. Vordernberg (Obersteier), Stand 1920.

Schurfhänge von Schwemmkegeln und Flußufern beobachten. Nicht zu verwechseln mit ihnen sind jene äußerlich ähnlich ausgeformten Ödflächen, welche sich oft in großer Zahl über Holz auf den Almböden dem Auge des Wanderers aufdrängen; in engerem oder weiterem Umkreise kann auf dem weniger durchlässigen Untergrunde (meist ist es tonreicher Verwitterungsschutt auf primärer Lagerstätte oder fauler Fels) die humose, wenig zusammenhängende Rasendecke ins Gleiten. Solche auf der ganzen Fläche in ziemlich gleicher Lagendicke erfolgende Bewegungen gehören entschieden schon ins Gebiet der Blattbrüche, wenn auch unter ihnen manche Übergänge zu den flachen Muschelbrüchen gewiß nicht fehlen (Schalenanbrüche). Auch die auf Abb. 25 dargestellten Blaiken schlagen schon die Brücke hinüber zu den Blattanbrüchen.

Zu seltsam gestalteten Formen führt die Ineinanderschachtelung zweier Muschelbrüche, wie sie Abb. 32 roh darstellt; das Ausbrechen der ein schiefliegendes Traggewölbe bildenden Rückwand erlaubt ab und zu die Einmuldung eines zweiten, kleineren Muschelbruches durch einen höher oben, außerhalb des Ausrisses auftretenden Anstoß; ob es sich hierbei um mehr als das Spiel eines bloßen Zufalls handelt, wage ich nicht zu behaupten, wenngleich es mir sehr wahrscheinlich erscheint; denn es ist von vornherein nicht von der Hand zu weisen, daß das Ausbrechen einer Muschel auch die Druckverteilung am Hange oberhalb ganz empfindlich stören kann.

Bisher wurden jedoch nur wenige derartige Vorkommnisse bekannt; so z. B. eines am linken Sillufer in der Nähe der Station Steinach am Brenner, ein anderes bei der Monthaler Brücke am Eingange ins Gadertal (Bruneck, Südtirol) und ein drittes zwischen Vordernberg Markt und Vordernberg Südbahnhof. Andererseits darf man nicht übersehen, daß jeder offene Ausriß die Entwässerung des Hanges fördert und dadurch das Gleichgewicht der Flankenteile oberhalb des Bruchrandes festigt.

Ungleichseitiges Auftreten von Fels bedingt oft eine unregelmäßige Umrißform; die Achenrainer Blaike, in derem Grunde der weiche, brüchige Chloritschiefer am rechten Ufer tiefer liegt und nicht so hoch hinaufreicht wie linksufrig, bietet ein solches Beispiel für die Ausbildung eines einseitigen Lappens, desgleichen auch die Kälbermurblaike im Antholzertale (s. Stiny, Technische Geologie, Abb. 251, S. 405 und Abb. 253, S. 410). Außergewöhnliche Fälle dieser Art, wie z. B. Demontzey[6] auf Taf. II einen „Ausriß" am Illgraben darstellt, gehören aber nicht mehr zu den Muschelbrüchen, sondern zu den echten Uferbrüchen größten Maßstabes. So zeigen die Muschelausrisse nicht bloß Übergänge zu den Blattanbrüchen, sondern auch gegen die weiter von ihnen abstehenden Uferbrüche hin;

zu diesen Mittelformen zählt wohl auch schon der obengenannte Kälbermurgraben (Abb. 37) im Antholzertale (Südtirol).

Ältere, stark nach rückwärts erweiterte Muschelbrüche zeigen an der Rückwand nicht mehr die einfach gekrümmte Begrenzungslinie. Die Furchen und Rinnen, welche die Schurfkraft des Wassers in die Muschel

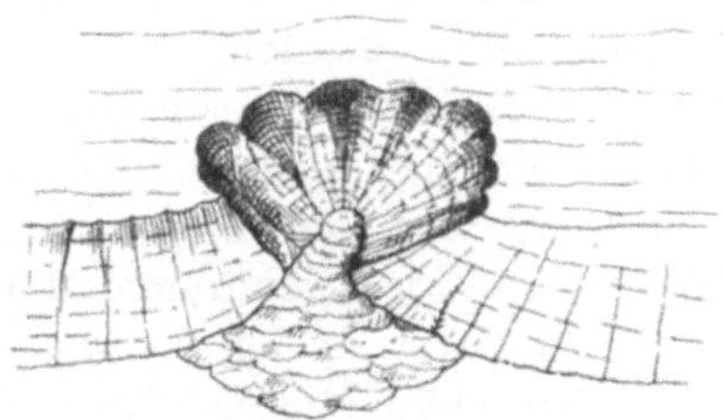

Abb. 33. Kesselanbruch.

eingräbt, richten sammelnd den Tiefenschurf auf bestimmte Gefällslinien, zwischen denen Streifen mit gesetzmäßig abnehmender Abtragsstärke liegen. Diesen Linien lebhaftesten Einschneidens entsprechen in der Rückwand des Bruches Punkte kräftigsten Rückwärtswanderns oder fallweise auch gewissermaßen Folgemittelpunkte neuerlichen Nachgleitens. So wird der einfach geschwungene Oberrand allmählich gelappt bzw. gekerbt; die Zahl der einzelnen „Muscheln zweiten Grades" ist um so größer, je ausgedehnter die Ödfläche ist, je weniger steil der tragende Hang abfällt und je größer der Böschungswinkel ist, den der Baustoff der Rippen zwischen den Furchen verträgt.

Nach der körperhaften Form der Ausrißnische kann man seichte Schalen- (Mulden-), etwas tiefer eingesenkte Trichter- (Abb. 35) und stark eingenapfte Kesselanbrüche (Abb. 33) unterscheiden.

Über die „Bahn" der Muschelbrüche ist dem bereits weiter oben Bemerkten wenig hinzuzufügen. Die aus der Muschel abfließenden Quell- und Niederschlagswässer wühlen allmählich in der Richtung der früheren, wenig oder gar nicht eingetieft gewesenen Sturzbahn einen Runst auf, der sich mit der Zeit zum tiefen Graben (Eckerblaike) oder gar zu einer Klamm (Felsschlucht der Achenrainerblaike und der Bichlerblaike im Ahrntale) erweitert. In solchen Fällen verstärkt das aus der „Bahn" stammende Trümmerwerk häufig ganz wesentlich die Geschiebemasse, welche die Bruchfläche zu Tale liefert.

Bezüglich der Ablagerungen am Fuße von Muschelbrüchen sind die weiter oben gemachten Ausführungen nur wenig zu ergänzen. Bei steiler Neigung des Hanges und langer Bahn werden die abstürzenden Trümmer oft über einen langen Streifen verstreut und es kommt zu keiner gehäuften Ablagerung unterhalb der Bruchfläche. War die Bewegung eine mehr gleitende oder rutschende, dann lagern sich die zur Ruhe kommenden Massen in Form mittelpunktsgleich angeordneter, zuweilen von strahlig verlaufenden Klüften durchzogener Wülste; bei stärkerer Durcheinanderrüttelung häuft sich eine unregelmäßig begrenzte, Buckel und Mulden tragende Masse an, die zuweilen auch kleinere Wasserlachen und Pfützen beherbergen kann. Derartige Wasseransammlungen halten die Ablagerungen ständig feucht; nicht selten führen dann die breiigen, aufgeweichten Massen langsame Bewegungen („Gewälze") aus, wie sie z. B. von Stur aus den Dolomiten beschrieben worden sind. In anderen Fällen begünstigt das vorhandene Vorland den Aufbau einer Schutthalde am Bahnende; beteiligt sich Wasser bei der Weiterbildung der Blaike in ausgedehnterem Maße, dann folgt die entstehende Vollform mehr den Gesetzen der Schwemmkegelbildung.

Zu den echten Muschelblaiken gehört auch ein Teil der „frane" Italiens (vgl. die Abb. 51, S. 39 und Abb. 52—57 bei Braun[32, 61]); sie durchlaufen die ganze Stufenleiter vom seichten Muldenbruch (s. S. 65) bis zum tief eingebauchten Kesselanbruch (s. S. 65); letzterer ist nach Braun[61] in den pliozänen Ablagerungen des Sub-Apennin sehr verbreitet (ital. „balze"). Der Begriff der Frana geht aber, wie später erörtert werden soll, noch über den Rahmen der echten, kahlen Blaiken hinaus. Von der Einteilung der Franen, die Principi[17] (S. 574 ff.) gibt, gehören z. B. die meisten Frane di scivolamento zu unseren Muschelblaiken, ebenso ein Teil der Frane di cedimento o di ammollimento; letztere entstehen durch Vollsaugen und Gewichtszunahme von mergeligen Tonen, Schiefertonen, Tegel und anderen undurchlässigen Lockerbergarten.

Einige vorbereitende Umstände und unmittelbare Anstöße der Bildung der Muschelblaiken.

Da, wie bereits erwähnt, die vorbereitenden, entfernteren und die auslösenden, unmittelbaren Ursachen bei den Muschelbrüchen ähnliche sind, wie für Massenbewegungen im allgemeinen, so seien ohne Anspruch auf Vollständigkeit bloß einige wenige Anstöße herausgegriffen, welche ganz besonders häufig muschelige Ausrisse erzeugen.

War bei dem Reischacher Rutsche (S. 63) starke Durchnässung mit Schneeschmelzwasser die unmittelbare, die Bewegung auslösende Ursache, so ist es in anderen Fällen wiederum die Durchfeuchtung mit Regenwasser, die Muschelanbrüche erzeugt. Gelegentlich der Regengüsse vom 29. Juli 1908 bildeten sich auf den Hängen des vorderen Zillertales allein über 80 Muschelbrüche, darunter der große Erdschlipf im Schmaleckerwalde, der aber allerdings nur in seinem obersten Stücke zu den echten Muschelrissen gezählt werden kann. Vorbereitend wirken häufig Windwurf und Schneedruck im Walde, weil sie Gruben und Klüfte im Boden erzeugen, welche das Eindringen von Wasser erleichtern. So wurden z. B. im Einzuggebiete des Helfensteinergrabens (Zillertal) durch unvorsichtige Plenterung Windwürfe begünstigt; in den hierdurch entstandenen Löchern sammelte sich das Regenwasser des Wolkenbruches vom 29. Juli 1908 an und veranlaßte am selben Tage noch einen Muschelbruch. Langsamer machten sich die Folgen des Schneedruckes geltend, der in der zweiten Maiwoche 1910 viele Wälder des Tauferertales heimsuchte; in einem gefährlichen Bruchgelände, den waldbestockten Trümmerhalden oberhalb Burg Neuhaus, bog der reichlich gefallene Schnee nicht wenige Bäume krumm; dabei wurden viele Stützwurzeln abgesprengt und stellenweise schmale Klüfte im Boden aufgetan, gerade groß genug, um dem Schmelzwasser leichten Eingang zu gestatten; bis zu der lehmigen Ausfüllungsmasse zwischen den Steintrümmern durchsitzend, fand es nicht rasch genug Ausweg und blieb durch mehr als acht Tage unterirdisch angesammelt, bis es schließlich teils verdunstete, teils doch tiefer einsickerte. Nur ein Wassersack, vielleicht der größte, übte einen solchen Druck auf seine talseitige Behälterwand aus, daß sie nachgab und samt dem darauf stockenden Walde über eine mehrere hundert Meter lange Sturzbahn in die Tiefe kollerte, einen Muschelbruch erzeugend.

Mäßig tief, wie jene durch Wind und Schneedruck erzeugten Risse reichen auch die Austrocknungsspalten in das Erdreich hinein, das sie in langen Trockenzeiten zum Aufklaffen bringen. Immerhin können auch sie seichtere Bodenbewegungen auslösen. Weit tiefer führen Durchbewegungsrisse in den Leib der Hänge hinein; sie entstehen bei Massenbewegungen verschiedenster Art (Muschel-, Uferbrüche usw.). Die versetzten Hangteile können dann lange Zeit vergleichsweise ruhig scheinen; führt man aber auf der Lehne Bauten aus, dann wird man Bewegungen gewahr, die sich oft recht unangenehm fühlbar machen und Bauwerke wie Umgebung gefährden. Bei Neustift, unweit Scheibbs (N.-Ö.), löste z. B. die andrängende Erlauf am rechten Ufer eine gewaltige Uferrutschung aus; die Bewegung kam zwar bald wieder zum Stillstand, lockerte aber die Massen derart auf und machte sie so wasserwegig, daß seit vielen Jahrhunderten noch muschelartige Absitzungen den Hang beunruhigen.

Ähnlich wie die durch Schneedruck und Windwurf erzeugten Löcher und Gruben wirken die Bodenverwundungen, die der Viehtritt auf steilen Bergweiden verursacht (Viehgangeln, Weidesteige, Ochsenklavier); auch die natürlichen, durch Schuttwandern erzeugten Rasentreppen und sichelähnlichen Rasenwülste begünstigen das Einsickern von Wasser und die Entstehung von Aussitzungen. Unter Umständen bildet auch die unvorsichtige Holzbringung in Erdgefährten den Anlaß zur Bildung von Muschelbrüchen, wenn sie bei weichem, nicht gefrorenen Boden bewirkt wird; das über die steilen Hänge mit großer Wucht abschießende Holz wühlt dann im Schuttboden bei in den Hang einspringenden Gefällsbrüchen Gruben von oft erstaunlicher Größe im Boden auf. Gar mancher Muschelbruch hat sich in solchen Erdriesen entwickelt; ich erinnere nur an die Blaike oberhalb der Schlagangeraste im Gmündnerbache (Zillertal).

Mit ganz besonderer Vorliebe bilden sich Muschelbrüche an quelligen Orten (vgl. Abb. 34 und 37); ja selbst ein nur ganz geringfügiger Grad höherer Feuchtigkeit, die sich im Pflanzenwuchse kaum durch ein paar Sumpfmoose (Sphagnaceen usw.), durch das Studentenröslein (Parnassia palustris), die Kohldistel (Cirsium oleraceum) oder einige Sauergras(Carex-) Arten und Stämmchen von Binsen (Juncus) anzeigt, gibt oft den Ausschlag für die Stelle des Auftretens von kleineren Muschelbrüchen. Diese Erfahrung kann man mühelos alltäglich auf Wanderungen im Wiener Walde, in der Umgebung von Graz oder in der Oststeiermark machen; am klarsten aber trat sie gelegentlich des Zillertaler unheilvollen Naturereignisses zutage; unter den zahlreich entstandenen Muschelblaiken war kaum eine, die nicht moosige Plätze zum Schauplatze ihrer Entstehung hatte. Viel Unheil hat weiter sorglos über einen lockeren Steilhang geleitetes Wasser angerichtet; der Ablauf von Alm- und Hausbrunnen ist daher sorgfältig zu sichern; Bewässerungsgräben sollten aber auf steilen Lehnen nur mit äußerster Vorsicht angelegt werden.

Die sonstigen allgemeinen Voraussetzungen für einen Muschelbruch (Vorhandensein lockeren Schuttes, Steilheit des Hanges, lückenhafte Bodendecke usw.) sind die gleichen wie für Rutschungen im allgemeinen und verdienen wegen ihrer Bekanntheit kein näheres Eingehen.

Sind die Vorbedingungen für die Bildung eines muscheligen Ausrisses gegeben, so schützt selbst der bestbestockte und kunstgerecht gepflegte Hochwald nicht gegen den Eintritt der Bodenbewegung, wenn der äußere Anstoß in genügender Stärke erfolgt. Zwar umklammern die dicht verzweigten Wurzelstränge das Erdreich mit starken Armen und setzen seiner Zerreißung in Schollen kräftigen Widerstand entgegen; liegt aber, wie dies bei den Muschelbrüchen fast immer der Fall ist, die Ablösungsfläche knapp unter der von Wurzeln durchzogenen Erdschicht oder noch tiefer, dann sind die Hochstämme gegenüber der einmal eingeleiteten Bodenbewegung ebenso machtlos wie eine aus Kräutern und Stauden bestehende Pflanzennarbe. Damit soll aber keineswegs etwa behauptet werden, der Wald habe, was Verhinderung von Muschelbrüchen anbelangt, nichts voraus vor den Wiesen und Weiden. Die Beobachtungen gelegentlich der Zillertaler Vermurung im Jahre 1908 lehren ja gerade das Gegenteil; im Waldlande bildeten sich bloß etwa 10 größere Muschelausrisse gegenüber ungefähr 71 auf dem offenen Felde. Seicht verlaufenden Rutschungen vermag eben der Wald mit seinem kräftigen Wurzelnetze doch einen erheblichen Widerstand entgegenzusetzen; namentlich aber vermindert der Wald die Zahl der quelligen Orte durch den großen, oft unterschätzten Wasserverbrauch; in dieser entwässernden Wirkung des Waldes liegt seine Hauptstärke gegenüber den weniger Wasser verbrauchenden, die Wasseransammlung an quelligen Orten durch Entfaltung eines überreichen, Feuchtigkeit speichernden Pflanzenwuchses noch begünstigenden Fluren. Noch ein weiterer Umstand läßt in dem Walde einen Helfer bei der Verhütung von Muschelausrissen sehen. Er hält viel Winterschnee vom Boden ab; unter seinem Kronendache verzögert er obendrein die Schneeschmelze; so liefern mit dichtem Hochwald be-

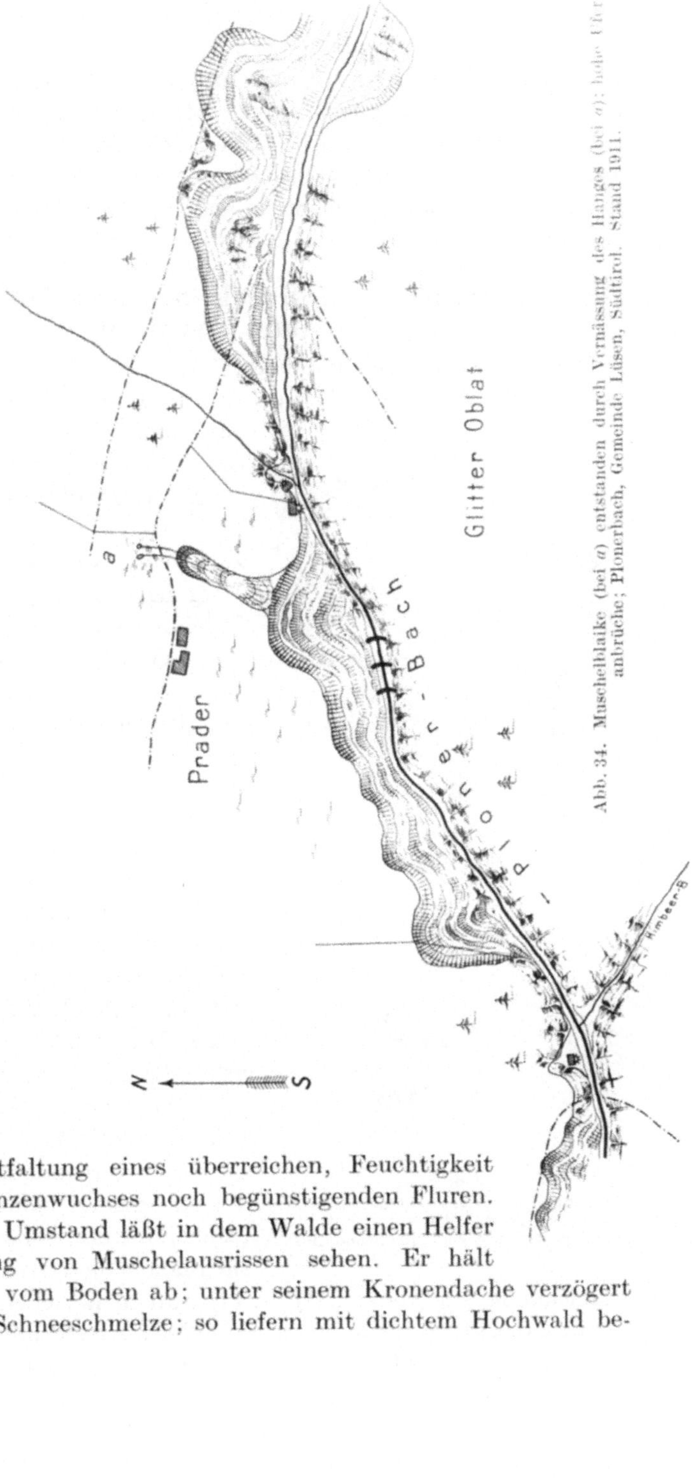

Abb. 34. Muschelblaike (bei *a*) entstanden durch Vernässung des Hanges (bei *a*); hohe Uferanbrüche; Plonerbach, Gemeinde Lüsen, Südtirol. Stand 1911.

deckte Hänge weniger Schneeschmelzwasser und verteilen es auch über eine längere Zeit; der Boden wird weniger mit Wasser überladen. Dies erklärt die Tatsache, daß im Frühjahre nach Kahlschlägerungen nicht selten Muschelrutschungen aufgetreten sind (z. B. im Wiener Walde).

Es werden daher auch im allgemeinen zunehmende Entwaldung, das Einlegen ausgedehnter Kahlschläge und die Beweidung der Lehnen, die in vielen Gebieten an die Stelle des Hochwaldbetriebes getreten ist, die Entstehung von muscheligen Ausrissen fördern.

Die Weiterbildung von Muschelblaiken; Grundsätzliches über ihre Verbauung.

Schon die wassersammelnde Form und häufige Tiefe der Ausrisse befähigt die Muschelblaiken zu einer viel umfangreicheren Fortentwicklung und Weiterbildung, als wir sie bei den Blattbrüchen beobachten konnten.

Die Umbaukräfte sind mannigfacher und lassen sich etwa drei Hauptgruppen zuordnen; welche dieser geologischen Vorgangsarten den Löwenanteil an der Zufeilung oder an der weitergehenderen Vergrößerung der Blaike leistet, hängt ganz von den vorhandenen Baustoffen des Hanges und seiner Form, sowie von den örtlichen klimatischen Verhältnissen ab.

Wo die anstehenden Lockermassen an und für sich oder infolge Durchtränkung mit Sickerwässern leicht beweglich sind, brechen von Zeit zu Zeit immer wieder Massen nach; rückwärts immer weiter ausholend und auch seitlich ausgreifend, vergrößern sich mithin solche Muschelblaiken vorwiegend durch neuerliche Rutschungen. Es kann oft sehr lange dauern, bis die Nachbrüche, allmählich in zufeilenden Bewegungen ersterbend, den Dauerböschungswinkel erzielt haben. Wo man zur rascheren und leichteren Verständigung für Blaiken dieser Weiterbildungsart eine

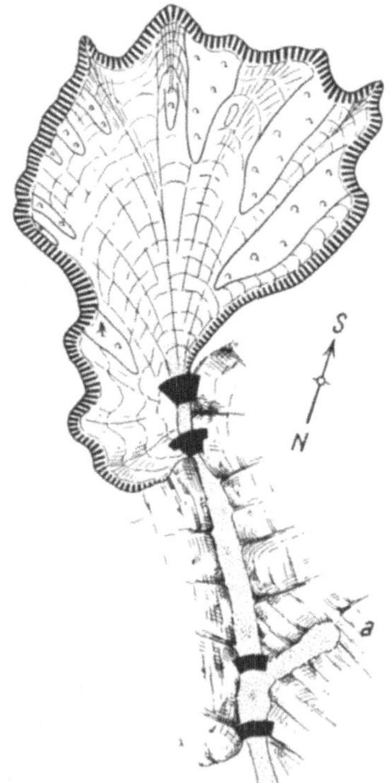

Abb. 35.
Trichteranbruch der Achenrainerblaike unweit St. Jakob i. Ahrntale (Südtirol); bei *a* felsiger Muschelausriß. Stand 1910.

Bezeichnung zur Hand haben will, wird man vielleicht von Nachrutschungs-Muschelausrissen (Muschelausrissen mit Nachrutschungen) sprechen. Die Hohlform ist meist mehr oder minder kessel- (Abb. 33) bis trichterförmig (Abb. 35) ausgebildet. In für gewöhnlich trocken daliegenden, flach geformten, in verhältnismäßig standfeste Massen eingegrabenen Muschelbrüchen auf nicht zu steilen Hängen besorgt wiederum der Schurf des Regenwassers fast allein die Ausfeilung des Hohlraumes; es ist deshalb sprachlich unrichtig, bei Muschelbrüchen schlechtweg von „Rutschungsflächen" zu sprechen. In vielen Fällen sind ja die schaffenden Rutschungen bereits zum Stillstande gelangt und es erfolgt nur mehr gelegentlich eine „Ablösung" bzw. ein „Abbrechen" von Schutt infolge des Einschneidens von Niederschlagswässern; zutreffender ist darum der Name „Bruchfläche" für alle Arten von Brüchen, auch für den ausgebildeten Muschelbruch. Diese zweite Gruppe von Muschelblaiken könnte man „Ausräumungs-Muschelrisse" (Schurfmuschelblaiken) nennen.

Die dritte Art des Weiterbaues der Muschelanbrüche spielt sich noch stiller und langsamer ab als selbst die zweite. Kammeis, Frostaufzüge, Auflockerung durch abwechselndes Feuchtwerden und Wiederauftauen der Oberfläche, chemische Umsetzungen usw. erzeugen auf der Oberfläche trockener Muschelblaiken in vergleichsweise standfesten Ablagerungen eine Art „Witterhaut", die teils abrieselt, teils von den Nieder-

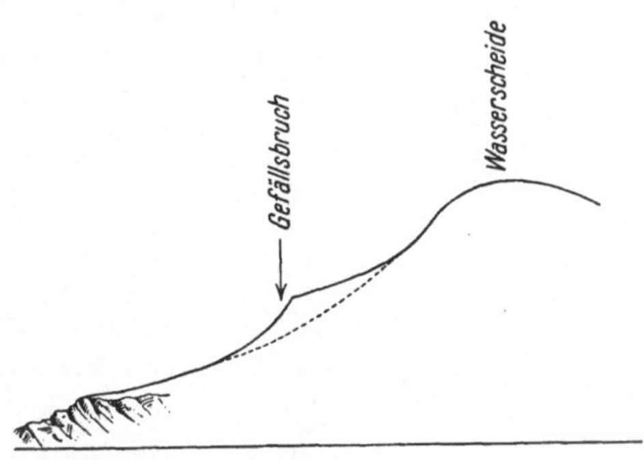

Abb. 36. Rasch rückwärts wandernder Muschelbruch. Der Gefällsknick im Längenschnitt des Hanges zeigt deutlich die Weiterentwicklungsfähigkeit des Ausrisses an, welcher voraussichtlich erst an der gestrichelten Linie haltmachen wird.

schlagswässern wieder abgespült wird; Hagel und Regentropfen schlagen Steine frei, die noch während derselben Niederschläge oder bei dem nächsten, zureichenden Anlasse abkollern. Inzwischen böscht sich der anfangs übersteile Oberrand der Blaike mit seiner überhängenden Rasendecke allmählich durch kleine Ablösungen immer sanfter und sanfter. Schließlich ergreift von unten her der Pflanzenwuchs wieder vom Gelände Besitz. So verläuft die Entwicklung namentlich bei kleineren Muschelanbrüchen außerhalb der Hangverschneidungen; während die eine Blaike zuwächst und sich schließt, reißt an anderer Stelle des Hanges eine neue „Muschel" aus; hier schließt sich wirklich eine Art „Kreislauf"; mit dem Auge des Geologen besehen sind solche, verhältnismäßig harmlose Muschelanbrüche rasch vergängliche Gebilde, wahre „Eintagsfliegen" ihrer Bestanddauer nach; sie „wandern" über die Hänge, bis die Kräfte des allgemeinen Massenbetrages ihren Neigungswinkel zu einem bestandfähigen zugefeilt haben (Wander-Muschelbrüche, Abwitter-Muschelblaiken).

Die unerschöpfliche Mannigfaltigkeit der Dinge der Natur kennt selbstverständlich nicht die Grenzen, welche die künstliche Einteilung des Menschengeistes zwischen den verschiedenen Blaikenarten aufrichtet; man trifft daher im Gelände draußen häufig Übergangsformen zwischen den aufgezählten drei Gruppen und ihren Unterformen an.

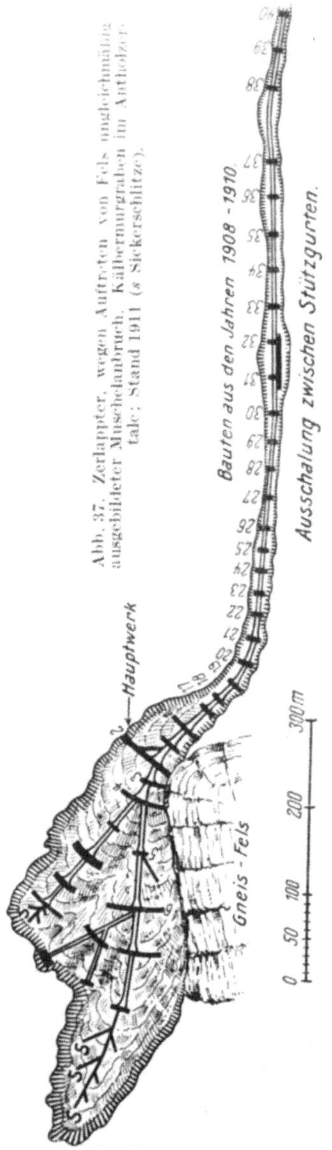

Die Verbauungsmaßnahmen schließen sich eng an die Weiterbildungsarten der Muschelblaiken an und müssen sich ihnen anpassen. Als allgemeine, stets nach vorhandenen örtlichen Verhältnissen abzuändernde Regeln für die Beruhigung von Muschelanbrüchen seien nachstehende kurz aufgezählt:

Der Muschelanbruch bedarf zur Beruhigung eines **starken Stützwerkes in seinem Grunde.** Geradeso wie der Bewegungsanstoß sich hier am wirksamsten betätigte, muß auch die Gegenmaßregel hier am kräftigsten ausgestaltet werden. Die Ausmaße des Stützwerkes richten sich selbstverständlich nach der Größe und dem Durchfeuchtungsgrade des Anbruches und nach den Einbindungsmöglichkeiten. Bei gewaltigen Trichter- und Kesselbrüchen sind oft mehrere, tunlichst hohe Sperrenstaffel in sorgfältigster Ausführung nötig. Die Sohle des Grundes muß eben möglichst gehoben und die Hinterwand des Anbruches kräftig gestützt werden. Hingegen hat es wenig Sinn, auf die Bahn des Bruches besondere Sorgfalt und größere Kosten zu verwenden. Ist einmal der Anbruch selbst gehörig versichert, dann beruhigt sich die Bahn bei geringer Nachhilfe meist auf natürlichem Wege. Höchstens daß man dort, wo gelegentlich nennenswerte Wassermengen die Bahn entlang fließen, ihre Sohle mit niedrigen Schwellen abstaffelt oder ausschalt, wenn dies die Verhältnisse erlauben. Vom Grunde gegen den oberen Bruchrand zu können Stärke, Höhe, Ausmaß und Anzahl der baulichen Mittel allmählich abnehmen; in gleichem Maße aber gewinnen Abböschungs-, Boden-

Abb. 37. Zerlappter, wegen Auftreten von Fels ungleichmäßig ausgebildeter Muschelanbruch. Kälbermurgraben im Antholztale; Stand 1911 (s Sickerschlitze).

bindungs-, Entwässerungs- und Begrünungsarbeiten an Bedeutung, wie denn überhaupt die Begrünung das Endziel der Verbauungsarbeiten bilden muß. Wo Muschelbrüche in ein Bachgerinne einhängen und mit demselben vielleicht sogar durch die Bahn in unmittelbarer Verbindung stehen, ist es zufolge der vom Bachlaufe unabhängigen Ausbildung des Muschelbruches ganz und gar unnötig, nur wegen des Bruches allein im Bachbette Querwerke einzuziehen, wie dies zuweilen dort geschieht, wo man die eigentliche Entstehungsstätte des im Bachlaufe angehäuften Schotters nicht richtig erfaßt hat.

Wo über den Hang abrinnendes Tagwasser in die oberen, den Bruchrand in verschiedenen Abständen begleitenden Randklüfte eindringen könnte, muß es entsprechend abgeleitet werden; auch jene Wässer (Abb. 34, 36), welche ständig oder in nassen Zeiten über den hinteren Bruchrand in die Blaike stürzen, müssen am Unterwühlen von Lockermassen verhindert werden; wo es untunlich ist, sie in gepflasterten Schalen oder über Schwellenstaffeln unschädlich durch die Muschelblaike hindurchzuführen, empfiehlt es sich, sie auszuleiten und seitlich neben dem Anbruche ihrem Aufnehmer zuzuführen. Bei allen derartigen Ausleitungen mittels Schalen (canal d'écoulement, cassis radier, chiassaiuolo, solaio subaqueo) müssen hangeinwärts gekehrte Gefällsbrüche unter allen Umständen vermieden werden. Wer diese Grundregel nicht beachtet, wird erfahren, daß sich in der Einbauchung des künstlichen Gerinnes nach unten Geschiebe ansammeln, welche — namentlich bei starker Wasserführung — die Niederschlagswässer aus der Schale drängen und das künstliche Gerinne zerstören können. Eine hübsche, abgetreppte, gepflasterte Mulde wurde nach Kuß[13] Taf. 5) im Wildbach Saint Julien (Nebenfluß des Arc, Savoyen) ausgeführt, um Tagwässer am Eindringen in das Rutschgebiet von Mont-Denis (Kuß, Tafel 4 a. a. O.) zu hindern.

Im Schwandbach (Zubringer der „Kleinen Schlieren" bei Alpnach, Schweiz) leitete man nach Salis[18] mit bestem Erfolge den Schwandbach von einer stark zerlappten, gefährlichen Muschelblaike ab und führte ihn über eine kleine Steilrinne mit felsiger Sohle in die Schwand-Schlieren-Furche ein. Vor dieser Maßnahme hatte der Schwandbach unterhalb der sanft geneigten Lanzfeldmoos-Alm, über eine Steilstufe (Neubaugürtel!) herabstürzend, ganz überwiegend zur Ausbildung des Viellings-Muschelrisses der „Kleinen Schlieren" beigetragen.

Gruppe 1 der Muschelanbrüche: Blaiken, die sich vorwiegend durch neue Ablösungen erweitern.

Auf den Umbau von Muschelanbrüchen durch Wiederholung der Rutschungsvorgänge nimmt die Oberflächengestalt des Hanges, in den sie sich einnisten, insofern Einfluß, als sie die Größe und den äußeren Umriß der Blaike mitbestimmt. Je flacher die Lehne sich absenkt, desto kleindurchmeßriger wird im allgemeinen der Anbruch ausfallen und desto mehr wird er sich der Kreisform nähern (Abb. 33). Auf Steilhängen nimmt die Räumigkeit der Blaike — stets sonst gleiche Umstände vorausgesetzt — zu; die Rückwand schneidet nämlich die Gefällinie des Hanges in um so größerer Entfernung vom Blaikengrunde, je abschüssiger die Lehne ist; gleichzeitig nimmt bei gleicher Scherfestigkeit des Hangbaustoffes das Gewicht der lastenden Masse zu und strebt die Ablösungsfläche in ihrem unteren Verlaufe zu verflachen; so werden die Blaiken in der Regel um so langgestreckter und um so tiefer, je steiler die Lehne abdacht. In ähnlichem Sinne wirkt sich die Ausformung der Flanken aus, wenn die Blaike z. B. in einer Hangverschneidung entstand; sanfte, seitliche Einhänge verschmälern den Anbruch, steiler geneigte verbreitern ihn und lassen seinen Umriß gedrungener, plumper erscheinen. Liegt die Bruchfläche in einer Mulde, so bilden ihre Ober- und Seitenwände gerne annähernd die Gestalt der Geländeform ab. Sind z. B. in einer „Großmulde" rasige „Teilmulden" eingesenkt, so werden der Bogenform des Rückenrandes der Blaike schwächere oder stärkere Lappen eingegliedert; wo strahlig auseinanderlaufende „Mulden zweiter Ordnung" (Teilmulden) die weitgespannte „Hauptmulde" kräftig gliedern, werden die Lappen selbständiger und die Blaike kann in gewissen Grenzfällen wie aus mehreren aus derselben Wurzel entspringenden Muschelanbrüchen zusammengesetzt erscheinen („gelappte Muschelanbrüche", „zusammengesetzte Muschelanbrüche", „gekoppelte Muschelanbrüche", „Viellingmuschelbrüche").

Weit einschneidender als die Hanggestalt beeinflußt die Beschaffenheit des Baustoffes der Lehne die Ausformung des Nachrutschungs-Muschelanbruches.

Vor allem kann die Ablagerung, welche den Bruchhang aufbaut, annähernd gleichartig sein oder ihre Beschaffenheit wechseln; die Änderung der Eigenschaft des Baustoffes kann wiederum stetig oder unstetig (z. B. sprunghafter Schichtwechsel), geregelt (lagenweise, bankweise usw.) oder gesetzlos erfolgen. Von den vielen, in der Natur verwirklichten Möglichkeiten können hier nur wenige durchbesprochen werden.

Die Art des Verhaltens des Baustoffes kann rein erfahrungsmäßig oder neuzeitlich bodentechnisch beurteilt werden. Beide Betrachtungsweisen ergänzen einander und schließen sich keineswegs aus. Wer sich daran gewöhnt hat, die Baustoffe der Rutschgebiete geologisch-gesteinkundlich genau anzusprechen und im Gelände draußen die Winkel zu messen, unter denen sich die einzelnen Ablagerungen unter den verschiedenartigen Bedingungen der Natur abböschen bzw. in Bewegung setzen, gewinnt mit der Zeit eine reiche Erfahrung, die ihn befähigen wird, das technische

Verhalten einer Ablagerung ingenieurgeologisch annähernd richtig einzuschätzen. Ziffernmäßige, mehr oder minder sichere, vom persönlichen Urteile und Empfinden unabhängige Werte gibt die neuzeitliche Untersuchung des Baugrundes, deren Verfahren wir vor allem den Arbeiten Atterbergs, Terzaghis und der verschiedenen bodentechnischen Ausschüsse (z. B. jene der schwedischen Staatsbahnen) verdanken (vgl. übrigens auch J. Stiny[129—135]). Zur Beurteilung der Standfestigkeit fördert namentlich die Kenntnis der Korngrößenzusammensetzung, des Feuchtigkeitsgrades des Bodens in natürlicher Lagerung, der Wasserwegsamkeit, des Wasseraufnahmevermögens, des Porenraumes (der Porenziffer), des Bildsamkeitsgrades und der Scherfestigkeit.

Die Wasserwegigkeit einer Bodenart wirkt sich je nach ihrem Grade verschieden aus; kräftig wasserlässige Ablagerungen, wie grobes Blockwerk, grobe Schotter, neigen wenig zu Rutschungen. Mit abnehmender Wasserwegigkeit steigt sodann bis zu einem gewissen Grenzpunkte hin die Neigung einer Bodenart zu Bewegungen; da die Durchmesser der Wasserbahnen, roh ausgedrückt — unter sonst gleichen Umständen mit dem Durchmesser der Körner abnehmen, welche die Ablagerung zusammensetzen, kann man auch sagen, daß die Rutschgefährlichkeit einer Ablagerung bis zu einem gewissen Punkte mit der Zunahme der Kornfeinheit wächst. Dabei ist es ziemlich gleichgültig, ob man unter dem „Korne“ der Bodenart die „Körner erster Ordnung“ des sog. „Einzelkornverbandes“ oder die „Körner zweiter Ordnung“, das sind die aus mehreren Körnern erster Art zusammengesetzten „Krümel“ (Korngruppen, Flocken) versteht; denn festzusammengeballte Krümel des sog. Krümelverbandes verhalten sich physikalisch ähnlich wie einzelne Körner. Einigermaßen feinkörnige Böden sind also bei starker Wasserzufuhr (z. B. durch Niederschläge) leicht beweglich, weil das ihre Hohlräume ganz erfüllende Wasser auf die Teilchen einen hydrostatischen Druck ausübt, dem die Teilchen nur ein kleines, obendrein um den Auftrieb vermindertes Gewicht entgegensetzen können; grobe Ablagerungen haben so räumige Lücken, daß sie auch bei einseitiger Bloßlegung dem Wasser so raschen Abfluß gestatten, daß es die Hohlräume nie ganz erfüllt und keinen hydrostatischen Druck ausüben kann; es kommt dann nur darauf an, daß Gewicht und Lagerung (Verband) der Teilchen dem Strömungsstoße des ausfließenden Wassers gewachsen sind, was in der Regel zutrifft; in feinkörnigen Ablagerungen läßt dagegen die geringe Wasserwegigkeit den Wasserinhalt der Hohlräume so langsam entweichen, daß bei gegebenen Verhältnissen immer ein Überdruck sich einstellt, der die Teilchen in Bewegung setzt. Man denke da nur an „Schwimmsand“. Ähnlich verhalten sich auch andere, feinkörnige Ablagerungen, die ganz anders aussehen wie Schwimmsand, aber ebenso heimtückisch sind; hierher gehören z. B. viele rutschgefährliche Feinmu- und Schluffablagerungen;

man kann sie durch die Ausführung der Schlämmzerlegung des Bodens (Schlämmung, Korngrößengruppentrennung) erkennen. Die Schlämmung besorgen hierfür eingerichtete Institute zum Selbstkostenpreise; es würde sich jedoch empfehlen, wenn alle Bauämter, welche häufig mit der Beruhigung von Bruchflächen zu tun haben, sich für derartige einfache Untersuchungen einrichteten.

Es wurde bereits darauf hingewiesen, daß das Wasser Feinkornablagerungen dann gefährlich wird, wenn es die Poren (etwa einschließlich der Luftbläschen, die ja auch einen, und zwar mit der Wärme wechselnden Druck ausüben) ganz erfüllt. Ist nur wenig Wasser vorhanden, so daß es die Körner nur als feines Häutchen umhüllen und etwa die Porenwinkel netzen kann, dann treten Kräfte auf, welche die Teilchen förmlich miteinander verkitten. Diese Erkenntnis ist schon alt; auch P. Ehrenberg gibt sie in seinem Buche „Die Bodenkolloide" (Leipzig 1918) wieder; die Kinder machen sie sich zunutze, wenn sie Sand zu Kuchen formen; ein Überschuß an Wasser treibt die Kuchen auseinander.

Von einer gewissen Feinheit des Kornes an werden die Ablagerungen wieder standfester; die Grenze liegt etwa bei 0,002 mm Korndurchmesser, bedarf aber noch genauerer Festlegung. Die Lücken zwischen den Teilchen werden dann bereits sehr klein; das Wasser bildet feine Häutchen um sie, welche eine hohe Oberflächenspannung entwickeln; die Form der Teilchen ist, wie die schönen Untersuchungen Atterbergs ergeben haben, meist annähernd scheibchen- oder schuppenförmig; bei entsprechendem Verbande geraten verhältnismäßig große Oberflächen der Teilchen miteinander in Berührung und entwickeln bedeutende Zusammenhaltkräfte. Auf diese Weise erklärt sich wohl die oft beträchtliche Standfestigkeit gewisser Tone, Tegel usw.

In der letzten Zeit hat Fr. Kirchhoff[127] in einer äußerst sorgfältigen und gründlichen Arbeit festgestellt, daß die Rutschgefährlichkeit gewisser Kreidetone Braunschweigs und Hannovers vom Gehalte an kohlensauren Salzen der Kalkerde (CaO) und der Bittererde (MgO) abhängt. Stiny hat bereits im Jahre 1918 eine ähnliche Vermutung hinsichtlich tertiärer Tone des Weichbildes von Wien geäußert. Die Allgemeingültigkeit der örtlich sicher zutreffenden Beziehungen zwischen chemischer Zusammensetzung der Ablagerung und Beweglichkeit wird durch weitere Untersuchungen noch nachzuweisen sein.

Wenn die neuzeitliche, bodentechnische Untersuchung des Baustoffes von Bruchflächen in vorstehenden Zeilen lebhaft empfohlen worden ist, so soll damit nicht der Eindruck erweckt werden, daß sie imstande wäre, die geologische Untersuchung der Blaikenbaustoffe zu ersetzen; diese ist im Gegenteile nötiger denn je. Denn erst sie gestattet die richtige Auslegung der im Arbeitsraume erhaltenen Werte und verknüpft sie mit den Dingen in der Natur draußen.

Hier ist vor allem festzustellen, wie mächtig die Ablagerungen sind, welche in Bewegung gerieten, ob sie z. B. nur bis zum Grunde des Anbruches herabreichen oder unterhalb desselben ihr Ende finden; ferner ist Vorhandensein und Mächtigkeit einer andersartigen Überlagerung (z. B. Verwitterungsdecke) zu erheben. Um die Gleichartigkeit der Ablagerung beurteilen zu können, müssen aus der Blaike Proben von verschiedenen Stellen (namentlich von verschiedenen Höhepunkten) entnommen und untersucht werden. In vielen Fällen wird man guttun, auch den von der Rutschung noch nicht erfaßten Untergrund zu erkunden; denn dieser gibt den Baugrund für viele der geplanten Beruhigungsmaßnahmen ab und kann auch die Ausbildung der Blaike beeinflussen. Weitere Erhebungen betreffen die Schichtung der Ablagerung (wenn vorhanden), ihr Einfallen usw.; in festgelagerten Tonen beeinflußt die Klüftung die Ausbildung der Blaikenrückwand und sollte daher durch Messungen ermittelt werden. Zur Beurteilung der Rutschung ist ein genauer Längenschnitt unumgänglich nötig; er bildet den Rahmen für geologisch-bodentechnische Eintragungen.

Im Muschelbruche auftretende Quellfäden und vorübergehend oder dauernd erscheinende Sickerwässer bedingen ebenso wie der Baustoff und die Höhe des Hanges eine stufig höchst abweichende Weiterbildung der frisch angelegten Bruchfläche; die überaus mannigfachen Ausbildungsweisen verbinden zahlreiche Übergänge, und erst die Betrachtung der Endglieder der ganzen, möglichen Formenreihe führt dem Beobachter einschneidendere Merkmale zum Bewußtsein. Der Austritt von Wasserfäden im Gebiete der Blaike wird in aller Regel durch Auf- oder Einlagerungen von Schichten abweichender Wasserwegigkeit bedingt und leitet so hinüber zu den weitaus häufigeren Blaiken an Hängen aus ungleichartigem, wechselndem Baustoff.

In der Regel beruhigen sich Muschelanrisse auf annähernd gleichteilig zusammengesetzten Lehnen innerhalb kürzerer Zeit als solche in abändernden Ablagerungen. Auf den ersten, die Hohlform schaffenden Hauptabbruch folgen zwar später noch ab und zu weitere Anbrüche, die aber im allgemeinen an Heftigkeit und Ausmaß abnehmen und schließlich von den Zuböschungsvorgängen an den Rändern abgelöst werden. Von unten her sucht inzwischen der Pflanzenwuchs festen Fuß zu fassen. So können Muschelblaiken in standfesteren Ablagerungen oft nach einigen Jahrzehnten wieder ausheilen. Sieht sich der Mensch bemüßigt, einzugreifen und den Begrünungsvorgang abzukürzen, dann wird er im allgemeinen mit mäßigen baulichen Mitteln das Auslangen finden; ein starkes, etwa bogenförmig quer über den Grund etwas oberhalb des Halses gespanntes Werk (Abb. 35) dient als Hauptstütze; Lehnenmauern, Grundschwellen, in einfachen Fällen Verflechtungen usw., sichern die höheren Teile der Kahlfläche; die noch übersteilen Randstreifen werden abgeböscht und schließlich die ganze Kahlfläche bebuscht. Als Baustoff für die oberen Lehnenteile kann Holz in weitgehendem Maße verwendet werden, da nach dessem Verfaulen die eingebrachten Holzgewächse bereits die Sicherung des Bodens übernehmen können.

Weitaus schwieriger gestaltet sich die Wiederberuhigung in dem entgegengesetzten Grenzfalle, d. i., wenn die Ablagerung, in welcher sich die erste Rutschung ereignet hat, sehr leicht beweglich ist. Dann wiederholen sich die Ablösungen in größerer Zahl und in kürzeren Zeitzwischenräumen; die Trennungsflächensohle verläuft weit sanfter geneigt, und die Rückwand der Blaike gelangt erst in erheblich größerer Entfernung vom Ausgangspunkte der Rutschung zum Stillstande und zur allmählichen Abböschung. Obendrein besteht die Gefahr, daß in den rasch sich vergrößernden Anbrüchen das rinnende Wasser die Oberhand gewinnt und nun seinerseits die Verlängerung und Erweiterung der Anbrüche übernimmt; an die muscheligen Ausrisse schließen sich Feilenbrüche an, da und dort bilden sich Uferanbrüche aus und gar bald ist die Urform der Blaike verwischt; derartigen Veränderungen der Züge eines Muschelanrisses begegnet man besonders dort häufig, wo der erste Ausbruch in Hangverschneidungen oder Hangfurchen erfolgt, welche das Niederschlagwasser sammeln und in die Blaike leiten. Solche ausgeartete, frühere Muschelrisse, die sich in eine Art Gruppen-Feilenanbruch oder in ein Wildrunsengebiet mit Feilen- und Uferblaiken verwandelt haben, trifft man häufig in tonigen oder tonreichen Gesteinen an; so besonders in Tonmergeln, Mergeltonen, Tonen, Tegeln, Blättertonen, Schiefertonen usw. Manche Gebiete Italiens (Toskana, das nördliche Apenninenvorland) werden von ihnen arg verheert. Sie bilden die Übergänge zu den echten vielverzweigten Wildrunsen mit gemischten Anbrüchen, die sich in Italien, am Balkan, in Nordamerika usw. häufig vorfinden, und das „Bösland" (Bad-Land) bilden, wenn ihre Bruchgebiete miteinander verwachsen und kaum ein grünes Fleckchen zwischen sich unversehrt lassen.

In solchen Fällen tut der Mensch gut, tunlichst rasch einzugreifen und die drohende Entwicklung im Keime zu ersticken. Da es sich meist um stark wasseraufsaugende Mu- und Schluffmassen handelt, wird es sich in vielen Fällen empfehlen, neben den stützenden Querwerken in diesen Anbrüchen auch Entwässerungen auszuführen. Durch Stränge von Sickerschlitzen, welche ihrerseits auf Stützgurten und dergleichen aufsitzen, wird die Austrocknung der Ablagerungen befördert und ihre Scherfestigkeit erhöht. Das Verbauungswerk krönen auch hier Bebuschungsmaßnahmen mit tiefwurzelnden, dem Rohboden angepaßten Holzarten.

Einen gefährlichen, wenn auch etwas anders gearteten Entwicklungsvorgang nehmen ferner Muschelblaiken, deren Grunde Quellen entspringen oder linienhaft Sickerwässer entrieseln; die Wasseraustritte sind hier ein Zeichen dafür, daß sich der Hang aus Ablagerungen verschiedener Wasserwegigkeit aufbaut. Wir kommen damit zur Erörterung der Muschelblaiken mit örtlich wechselndem Baustoffe; unter den hier möglichen und häufig verwirklichten ist der eben erwähnte der einfachste Fall; unter einer mehr oder minder mächtigen Hangendschicht aus durchlässigen Bergarten, welche die Rückwand der Blaike aufbauen, liegen wasserstauende Ablagerungen; in diesen ist der „Grund" des muscheligen Ausrisses eingebettet. Wo sie ausbeißen, rieselt Wasser in den Blaikengrund herab. Die solcherweise eintretende Durchfeuchtung einzelner tieferer Schichten des Hanges führt nach dem ersten Ausrisse später auch bei trockener Witterung zu häufigen Absitzungen, die sich gelegentlich starker Niederschläge mit verstärkter Heftigkeit wiederholen können. Den Ausbrüchen und Ausgleitungen tieferer Lagen folgen Nachbrüche der den Halt verlierenden oberen Schichten, deren Steilrand unaufhörlich nach rückwärts wandert. Einen solchen, rasch um sich greifenden Muschelanbruch stellt Abb. 36 dar; sie zeigt, wie wichtig Längenschnitte für die Beurteilung derartiger Anbrüche sind; auf sie und die geologisch-technischen Erhebungen im Gelände gründet sich der Verbauungsplan. Kleine Abweichungen in der Erscheinungsweise werden durch die verschiedenen Arten des Schuttes hervorgerufen, der die Wände der Muschel zusammensetzt; ganz allgemein gesprochen, kann entweder die Lage oberhalb oder unterhalb der Quellebene einen größeren Böschungswinkel vertragen als ihr Liegendes bzw. Hangendes. Beide Fälle sollen an der Hand je eines Beispieles aus dem Pustertale ausführlicher geschildert werden.

Etwas südwestlich von dem Kirchdorfe St. Jakob im Ahrntale liegt am linksufrigen Talhange ein etwas über 6 ha großer, mehrfach gelappter, muscheliger Ausriß eingebettet, der in den letzten Jahrzehnten viele tausende Raummmeter Schutt in Form von Murgängen ins Haupttal vorschob (Abb. 35). Der rund 300 m lange und unter der steilen Böschung von 20,6 vH im Durchschnitt geneigte Schwemmkegel gefährdete durch sein stetes Wachstum wiederholt die über seinen Rücken laufende Ahrntaler Straße und staute gelegentlich selbst die Talache auf. Der Trichter des Anbruches ist ungefähr 380 m breit, fast genau so groß ist auch seine Längenerstreckung vom Grunde bis zum Oberrande. Der Höhenunterschied des tiefsten und höchsten Blaikenpunktes beträgt rund 250 m.

In der Bruchfläche selbst tritt Wasser zutage, und zwar liefern nicht etwa nur ein oder zwei Quellen das im Muldengrunde zum Abflusse gelangende Bachwasser, sondern es zieht eine ganze Quellenlinie quer durch den Mittellappen des Ausrisses. Hart nebeneinander sickern allerorten kleine Wässerchen aus dem Schutte hervor, rieseln, bevor sie sich vereinigen, als dünne Wasserfäden zu Tale und durchweichen die ganzen vorgelagerten Schuttmassen. Der obere Blaikenrand ist, ebenso wie der untere östliche Steilrand, völlig trocken und zu Rutschungen dermalen wenig geneigt; erst ein stärkeres Nachbrechen des Fußes infolge Unterwühlung durch die Quellfäden könnte eine neuerliche Beunruhigung der oberen Lehnenteile in stärkerem Umfange hervorrufen.

Wie man bei näherem Zusehen entdeckt, ist der Schutt unterhalb der Sickerwässerlinie von etwas anderer Beschaffenheit wie jener oberhalb des Quellstreifens und auch von abweichender Entstehung. Zwar ist die Zusammensetzung des groben Schuttes hier wie dort die gleiche; gekritzte Serpentingeschiebe, Kalktrümmer, Glimmerschieferbrocken, Phyllitkies und Chloritschieferbruchstücke liegen eingebettet in einer feineren Grundmasse. Diese selbst aber enthält unterhalb der Quellinie reichlicher tonig-lehmige Massen beigemengt und zeigt ein dichteres Gefüge; dieser Umstand sowie die größere Deutlichkeit der Gletscherkritzer verraten die kräftige Beimischung von Grundmoräne zu den Baustoffen einer Stirnmoräne. Der Gehalt an wenig durchlässigen Bestandteilen schützt gegen das Eindringen von Sickerwässern und fördert die Erhaltung verhältnismäßig steiler Böschungen, wie sie z. B. am östlichen unteren Rande und an dem stattlichen Mittelpfeiler sichtbar sind, der zwischen der Mittelmulde und dem Westflügel aufragt. Gleich über der Moränenmasse treten in der Mitte der Bruchfläche die zahlreichen Wasseradern zutage.

Oberhalb des Quellstreifens nehmen die Feinbestandteile der Ablagerung an Menge ab, der Grobschutt tritt stärker hervor, und die Grundmasse nimmt ein mehr sandig-kiesiges Gepräge an, ganz ähnlich jenem, das eine an Grundmoränenschutt arme Stirnmoräne auszeichnet. Die Kritzer der Serpentingeschiebe sind weniger gut erhalten als in der Liegendmasse. Alles dies läßt darauf schließen, daß es sich hier zwar auch um Gletscherschutt, aber um einen solchen auf zweiter Lagerstätte handle. Die Vermutung wird zur Gewißheit, wenn man, den Bruchtrichter verlassend, gegen die Wälder und hochliegenden Alpenweiden im unmittelbar benachbarten Bärentale ansteigt; hier sieht man auf der ganzen, die Blaike tragenden Ablagerung kleine Schwemmkegel und ähnliche Bildungen aufsitzen, welche vom westlichen Berghange gegen den Bärentalgraben herabziehen. Der Schutt dieser Schwemmgebilde zeigt das gleiche Gefüge wie jener der oberen Blaikenteile und gehört auch geländegestaltlich mit ihm zur selben Einheit. Der umgelagerte Eiszeitschutt (vermutlich einer Ufermoräne entstammend) läßt Wasser durch und zeigt daher eine verhältnismäßige Trockenheit seiner oberen Teile; das einsickernde Wasser dringt rasch in die Tiefe, bis es auf die wenig durchlässige Moränenablagerung stößt und ihrer Oberfläche folgend am Abbruche derselben in Form von Sickerfäden ans Tageslicht tritt. Ob nur Niederschlagswasser am Einsickern beteiligt ist oder auch Wasser aus dem hochliegenden, die gerade Fortsetzung der Achse der Achrainerblaike bildenden Bärentalbache, ist ohne Salzungs- oder Färbeversuche schwer zu entscheiden, wenngleich letzteres sehr wahrscheinlich erscheint; dadurch ließe sich am ungezwungensten die sonst befremdende Tatsache erklären, daß der vom Bärentale am weitesten abseits liegende Lappen nahezu trocken liegt, während die mittlere Mulde selbst in der heißesten Sommerzeit quellig bleibt; auch die vergleichsweise hohe Wärme und der schale Geschmack des Sickerwassers würden für eingedrungenes Bachwasser sprechen.

Die zutage tretenden Sickerwässer durchweichen die oberen Schichten der Massen und bringen sie bei Eintritt von Regenwasser ins Rutschen; dieser Umstand und das lockere Gefüge der Massen bedingen die Entwicklung eines verhältnismäßig kleinen Böschungswinkels von etwa 33°. Im Gegensatze dazu sind die Wände der Grundmoräne sehr steil und ragen stellenweise fast lotrecht empor; so namentlich im Nordosten der Muschel und an der Mittelrippe; an den anderen Stellen tauchen die Steilwände zur Gänze unter die Schuttmassen, welche Nachrutschungen von oben im Laufe der Jahre herabbefördert haben. Dieser Schwemmschutt ist von eingedrungenem Quellwasser ganz durchfeuchtet und jederzeit zum Abgange bereit; aus ihm setzt sich in der Regel die Masse kleinerer Murschübe zusammen, wie sie bei Regengüssen oft mehrmals im Jahre zu Tale gehen; größere Murgänge, wie z. B. jene der Jahre 1901 und 1903, erhalten obendrein noch Zuzug aus frisch abgebrochenem Schutte aus den oberen Blaikenteilen.

Um die Weiterentwicklung des gefährlichen Anbruches zu verhindern, führten die Anrainer schon vor Jahren gewaltige, wenn auch sehr einfache Sperrbauten von teilweise über 22 m Höhe auf; seit dem Jahre 1907 arbeitete auch die Wildbachverbauungsektion Innsbruck an der Beruhigung des Ausrisses, welche bisher gute Fortschritte gemacht hat und durch die ergänzenden Entwässerungsarbeiten vollends erzielt worden sein dürfte (Stand 1910).

Muschelbrüche von der Art der Achenrainer Blaike zeigen wegen der Bedeckung ihres Quellenstreifens mit lockerem, steile Böschungen nicht vertragenden Schutte eine mehr weniger trichterartige Form, und ich möchte sie daher als „Trichteranbrüche" bezeichnen. Nicht immer wird der Grund des Trichteranbruches so tief in den wasserstauenden Untergrund eingesenkt sein, wie bei der Achenrainer Blaike. Hier haben besondere Umstände zur starken Einhöhlung des Grundes in das schwer durchlässige Liegende des Wasserführers (besser als der Ausdruck „Wasserträger") beigetragen; erstlich die Mächtigkeit der wasserstauenden Moräne, ferner die starke Durchnässung ihrer oberen Lagen und schließlich das Jahrhunderte hindurch andauernde Einwühlen des abfließenden Quellwassers in den steilen Moränenhang. Im übrigen ist die Trichterform nicht gerade an Blaiken in mehrteiligen Ablagerungen gebunden; bei geeigneter Hanggestaltung und entsprechendem Böschungswinkel der Massen kann sich der Trichteranbruch, als eine reine Gestaltbezeichnung, auch in gleichteiligen Bergarten finden. Dies trifft auch für den Kesselanbruch zu; so habe ich Muschelausrisse mit sehr steiler Rückwand wegen der Form ihres Hohlraumes genannt (Abb. 33). Die Vorgänge die sich in solchen Blaikenkesseln abspielen, haben z. B. G. Götzinger aus dem Flysch Istriens und A. Braun aus dem Volterrano und dem Nordgehänge des Apennin beschrieben.

Die Kesselanbrüche, welche in mehrgliedrigen Ablagerungen auftreten, besitzen eine mehr minder mächtige Decke sich steiler böschenden Stoffes, welche auf einer nachgiebigeren leicht erweichbaren oder von austretenden Wässern leicht fortspülbaren Unterlage aufruht. Je nach der Art des Baustoffes der Schichten, nach der Mächtigkeit der Decke im Vergleiche zu jener der Unterlage, dem Klima usw. bilden sich mannigfache Abänderungen der Kesselbrüche aus. Eine stoffliche Verschiedenheit der oberen und unteren Schicht ist zu ihrer Entstehung dann nicht erforderlich, wenn verschiedene Durchfeuchtungsgrade vorhanden sind. So kann z. B. Decke wie Unterlage aus Ton bestehen, eine dazwischenliegende Sandschicht aber kann die Unterlage durchweichen, verseifen und zur Entwicklung einer sanfteren Böschungslinie in den tieferen Teilen Anlaß geben, während die trockenere Decke unter steilerem Winkel aufragt.

An Beispielen für Kesselanbrüche sind unsere Hügelländer und Gebirgstäler reich. F. Wang[26] gibt auf S. 57 in der Abb. 16 das Bild eines der größten Kesselbrüche deutscher Gebiete, der Scesa bei Bludenz (Vorarlberg) wieder. Dieser bis zur Beendigung der Verbauungsarbeiten (Bauleiter: Ing. Bachmann, Ing. A. Pokorny, J. Henrich u. a.) in lebhaftem Zurückfressen begriffene kesselige Ausriß war rund 500 m breit und einschließlich der allmählich gebildeten Abfuhrschlucht etwa 1800 m lang; die Durchweichung des Eiszeitschuttes, der den Unter-

grund der Blaike bildet, durch Quell- und Sickerwässer, ließ die Massen breiartig
ausfließen. Nachbrüche des Hangenden schufen dann fast lotrechte, 80—100 m
hohe Bruchwände von eindrucksvoller Großartigkeit.

Ein Teil der „Balze" Italiens gehört auch hierher; so z. B. die Balze delle Spun-
tone und der Zwillingskesselanbruch der Balze di San Giusto der Umgebung von
Volterra, die u. a. Braun[32] beschrieben, gezeichnet und abgebildet hat.

Es sei mir gestattet, ein weiteres Beispiel aus dem östlichen Pustertale anzu-
führen. Schon durch Rabl (Die Erdpyramiden von Gödnach-Görtschach in Tirol.
Österr. Touristenztg 1884, 149ff.) bekanntgemacht, ziehen von dem Gehänge
zwischen dem Stronacherkopfe und dem Ederplan nordöstlich von Dölsach zwei
Wildbäche, der Gödnacher- und der Frühaubach zu Tal. Namentlich ersteren
begleiten zahlreiche Ufer- und Muschelbrüche auf seinem Laufe. Die größten unter
ihnen sind die sog. „Ecker"- und die „Unterecker"-Blaike. Erstere mißt einige
Joch Fläche und stürzt von der Flur beim sog. Eckerhäusel gegen 140 m tief zum
Gödnacherbache ab, dessen Hauptgeschiebeherd sie dermalen darstellt. Ihr Umriß
ist muschelig; an eine steile, fast klammähnlich entwickelte Sturzbahn schließt
sich ein gewaltiger, von hohen Steilwänden umgebener Kessel an. Die Steilabstürze
desselben bestehen aus einer trockenen, Fremdgeschiebe (z. B. Granatamphibolite,
Glimmerschiefer, Gneisblöcke usw.) führenden, durch sandigen Lehm verkitteten
Ablagerung, die auf echtem Blocklehm (Grundmoräne) aufruht. Die Grenze beider
Schuttschichten zieht als deutlich sichtbare Linie quer durch die Bruchfläche;
längs derselben treten zahlreiche Sickerwässer auf, die sich alle im Grunde des
Kessels vereinigen und dem Gödnacherbache ein kleines, schwebreiches, trübes
Bächlein zusenden. Die lehmige Moränenmasse ist selbst zur Sommerzeit reichlich
durchfeuchtet; treten dann Regengüsse ein, so löst die Übersättigung mit Wasser
Feinbewegungen von Lehmschollen aus, die dem Niederschlagwasser den Zutritt
in die inneren Teile der Masse nur noch erleichtern; die äußere Rinde aber verwandelt
sich in einen zähen Brei, der zuerst langsam abgleitet, auf der steilen Bahn aber
sehr bald ins Rutschen und Stürzen kommt; eingelagerte Blöcke verlieren ihren
Halt und sausen gleich Riesenbällen in die Tiefe. Dauert der Niederschlag lange
an, dann brechen, des stürzenden Fußes beraubt, auch Teile der trockenen Steilwände nach fast senkrechten Klüften in den Abgrund; oft vermag dann die tief
eingefressene „Bahn" die Massen der Breite nach kaum zu fassen, namentlich
wenn Äste oder Baumstämme für kurze Zeit den Weg verrammeln; vorübergehend
stauen sich die Erdschübe; hinter der Klause sammelt sich das nachdrängende
Wasser und stößt, das Hindernis überwältigend, mit unwiderstehlicher Macht die
ganze Masse als Murwalze dem Hauptbache zu (Stand 1910).

Dabei ist die durchweichende und unterwühlende Kraft des Wassers gleichsam
verdichtet auf die quelligen Punkte; überall dort, wo auch in trockenen Zeiten
Wasserfädchen rieseln, bilden sich Furchen und Risse aus, die sich nach oben im
Baustoffe der Decke fortsetzen und schließlich in kleinen Muscheln enden. Zwischen
den Rillen und Mulden aber bleiben scharfe Rippen und Grate stehen, deren nörd-
lichster eine Erdpyramide ohne Deckstein trägt. Die von Rabl erwähnte Einzel-
pyramide, die auch noch von Hofrat Ing. Karl Offer beobachtet und in einem
technischen Berichte betreffend den Verbauungsplan für den Gödnacherbach
erwähnt wurde, ist bereits anfangs der neunziger Jahre des vorigen Jahrhunderts
eingestürzt; bei der starken Unterwühlung durch Sickerwasser können eben derartige Bildungen kein hohes Alter erreichen. Trotz der lebhaften Schurftätigkeit
des Niederschlagwassers überwiegen immer noch die Nachbrüche. Das Zurückweichen des Blaikenrandes und damit die Vergrößerung des Kesselbruches auf
Kosten des Hinterlandes geht mäßig rasch vonstatten und dürfte nach dem Vergleiche älterer und neuerer Lagepläne im Durchschnitte der letzten Jahrzehnte
kaum 50—60 cm im Jahre überstiegen haben.

Kaum 40 m vom Südrande der Eckerblaike entfernt, senkt sich von dem die Bachgebiete trennenden Kamme in jähem Absturze der Untereckeranbruch über 80 m in die Tiefe; die geologischen Verhältnisse sind hier die gleichen wie im vorigen Ausrisse; da der untere Teil der Muschel nur sehr schwach durchfeuchtet ist, geht aus dem Muschelgrunde nur wenig Geschiebe ab; es finden daher auch Nachstürze der trockenen Decke seltener und nur in kleinem Maßstabe statt; die in der Muschel abfließenden Niederschlagswässer haben darum Zeit, in lebhaftem Abtrage die Bildung ähnlich steiler Wände wie beim Eckerbruche in der Decke zu verhindern. Es ist darum auch der Gegensatz in der Neigung zwischen dem Muschelgrunde und der Rückenwand kein so großer, so daß die Untereckerblaike bereits von den echten Kesselanbrüchen zu den „Trichterbrüchen" hinüberleitet. Ganz hervorragend schön sind in der Muschel die schmalen, messerscharfen Schneiden und spitzkantigen Rippen zwischen den tiefen Wasserrissen entwickelt; Rabl hat sie mit lebendigen Worten bereits vor 47 Jahren geschildert, wenngleich er sich von ihrer Entstehungsart keine rechte Vorstellung gemacht zu haben scheint.

Einen gewaltigen Kesselbruch stellt auch die sog. Embacher Blaike am linken Salzachufer zwischen Rauris-Kitzloch und Lend in Salzburg dar. Wagner[105] (S. 51—55) hat sie uns ausführlich geschildert. Er schätzt die abgerutschte Gebirgsmasse auf etwa 30 Mill. rm, die Fläche des Ausrisses auf etwa 40 ha. Der erste Kesselbruch soll sich im Jahre 1794 ereignet haben; der Damm, den die abwandernden Massen quer über die Salzachschlucht aufbauten, soll am jenseitigen Ufer noch einen an 10 m hohen Hügel aufgetürmt haben. Die Hangendschichten der Blaike bestehen aus Moränen, die von Schottern unterteuft werden; an den Ausbissen der liegenden, undurchlässigen Schiefer (Phyllite, graphitische Schiefer usw.) brechen Quellen hervor, welche die darüberliegenden Lockermassen unterwaschen haben.

Anders verläuft die Entwicklung der Muschelblaiken in uneinheitlichen Ablagerungen, wenn durchlässige und undurchlässige Schichten mehrmals miteinander abwechseln; innerhalb dieser Gruppe von Muschelanbrüchen werden dann wieder Unterschiede durch die Mächtigkeit der einzelnen Lagen und durch die Richtung ihres Einfallens (hangeinwärts, annähernd söhlig, hangauswärts) hervorgerufen.

Der häufige Wechsel dünner wasserführender Lagen mit wasserstauenden fördert Hangbewegungen sehr (vgl. Stiny, Zur Frage der Entwässerung tonreicher Schichtstöße. Geologie und Bauwesen, **1929,** 123); dickere wasserlässige Schichten sind weniger gefährlich, weil sie selten von Wasser ganz erfüllt sind, sondern nur an ihrer Sohle einen Grundwasserstrom bergen; dünnere Wasserführer aber sind mit Wasser vollgesogen; zuweilen steht es sogar unter Druck; sie durchfeuchten ihr Liegendes wie ihr Hangendes; der ganze Schichtstoß gerät darum von seinem Fußpunkte aus leicht in Bewegung. Je nach den Umständen halten sie flachere bis mittelsteile Böschungen ein und beherbergen Trichter- bis Kesselausrisse.

Sind die miteinander wechsellagernden, verschieden wasserdurchlässigen Schichten einigermaßen mächtig, dann entstehen kesselähnliche Anbrüche mit gleichsam abgetreppter Rückwand; jede Ablagerung böscht sich unter dem ihrer Standfestigkeit entsprechenden Neigungs-

6*

winkel ab; die Fallinien setzen sich dann aus einzelnen, unterschiedlich geneigten Strecken zusammen (abgestufte Kesselanbrüche, stufige Kesselblaiken, abgetreppte Kesselanbrüche).

Sind die Schichten, welche den Bruchhang aufbauen, talwärts geneigt, so erfolgen von einem gewissen Schichtfallwinkel an die Abböschungen nicht mehr nach beliebigen, dem augenblicklichen Ungleichgewichtszustande entsprechenden Trennflächen, sondern nach einer Schichtfläche, d. i. also nach einer vorgebildeten Gleitfläche. Es hängt dann strenggenommen von der Länge der entblößten Liegendschicht oder besser von deren Ausdehnung im Vergleiche zur Höhe der Rückwand ab, ob die Blaike mehr einem Blattanbruche oder einem Kesselanbruche gleicht; freilich bildet das Vorhandensein oder Fehlen eines „Grundes" ein weiteres Kennzeichen für die Art des Ausrisses; Übergangsformen sind aber trotzdem gar nicht so selten.

Der bogige Verlauf des Längsschnittes eines Muschelanbruches ist bei den Kesselanbrüchen am schönsten ausgebildet; die Art der Krümmung der Ablösungsfläche hängt sicherlich ganz von den technischen Eigenschaften des Baustoffes der Blaike ab; in einheitlichen Ablagerungen sprechen sie manche Forscher als Kreisbogenstück an; Stiny (Zur Kenntnis und Abwehr der Rutschungen, Geologie und Bauwesen, 1929, 190—201) glaubt, daß sie gedachterweise hyperbelähnlich verlaufe (natürlich mit den Abweichungen, welche durch die Natur der Ablagerung hervorgerufen werden).

Die Beruhigung der Kesselanbrüche erfordert vor allem den Einbau eines kräftigen Stützwerkes an ihrem Grunde. Seine Ausführung hängt sehr von den örtlichen Verhältnissen, bzw. vom Baugrunde ab; es wird sich daher empfehlen, ihn sorgfältig zu untersuchen. Hinsichtlich des Platzes für seine Errichtung hat man wenig Auswahl; meist ist die Baustelle für das Sperrwerk innerhalb sehr enger Grenzen schon gegeben. Zuweilen findet sich ein kurzes Stück unterhalb des naturgegebenen Bauplatzes für das Abschlußwerk Fels; dann ist es leicht möglich, das Hauptwerk an seinen richtigen Ort zu setzen und durch einige nachgeschaltete Grundschwellen oder einen Sperrenstaffel genügend vor Unterkolkung zu sichern. Wieviele schwerere Querwerke oberhalb der Hauptsperre noch nötig werden, bestimmt die „Länge" des Blaikengrundes; wo sich dieser schlauchartig verlängert hat, tut man gut, eine größere Anzahl höherer Querwerke einzubauen, um die Sohle des zur „Schlucht" gewordenen Grundes genügend kräftig zu heben und Raum für nachbrechende Massen zu schaffen; es kann dann hier — wie auch häufig sonst — vorteilhaft sein, derartige höhere Werke nicht auf einmal auszubauen, sondern mit der Zeit zu erhöhen.

In vielen Fällen kann es wichtig sein, die unterwühlenden Sickerwässer durch geeignete Maßnahmen zu fassen, zu sammeln und unschädlich zu machen (vgl. Abb. 20); die Sickerdohlen, Schlitze und sonstigen Drainungen dürfen dabei nicht quer über den Hang laufen, weil sie sonst durch Hangbewegungen verdrückt würden; beschädigte Entwässerungsanlagen sind schlechter als fehlende. Sie müssen tunlichst dem Gefälle des Hanges folgen oder doch spitz zu ihm verlaufen; die Anordnung der Sammler auf Taf. 13 von Landolts[14] sonst so vorzüglichem Buche ist verfehlt. Der Längenschnitt von Entwässerungsdohlen soll keine scharfen Brechungspunkte aufweisen, sondern so stetig als möglich verlaufen. Ausspringende Winkel leisten Hangbewegungen um so weniger Widerstand, je schärfer der Knick ist; gegen den Hang einspringende Winkel aber schaden unter allen Umständen; am Gefällsbruche bleiben Steinchen, Lehmteilchen usw. liegen, verstopfen allmählich die lichte Öffnung der Dohle und setzen sie außer Wirksamkeit.

Hat man der Bruchlehne durch bauliche Maßnahmen festen Fuß und sicheren Halt gegeben, dann langt man für die Bindung des Bodens der übrigen Kahlfläche mit leichteren Baumitteln aus. Bevor man jedoch mit der Berasung und Bebuschung der Blaike (vgl. Stiny[154]) beginnt, muß die Rückwand des Anbruches so weit zur Ruhe gekommen sein, daß Abbrüche nennenswerteren Ausmaßes nicht mehr zu befürchten sind. Unter Umständen empfiehlt es sich, den Zufeilungsvorgang des oberen Randstreifens der Blaike durch künstliche Abböschung zu beschleunigen. Über den dauernd bestandfähigen Böschungswinkel der Blaikenwände geben bodentechnische Untersuchungen, Beobachtungen im Anbruche selbst und Erfahrung Aufschluß. Die Angaben in Bauratgebern usw. sind nur mit größter Vorsicht verwertbar.

Für die Bebuschung von Muschelblaiken im allgemeinen eignen sich alle Holzarten, welche tiefreichende und weitstreichende Wurzeln ausbilden und reichlichen Ausschlag treiben, vorausgesetzt, daß ihnen Klima und Boden des Standortes zusagen.

Trockene Einhänge in wärmeren Lagen bindet man gewöhnlich mit Robinie, Besenpfrieme, Sanddorn, Weißerle, Weißkiefer, Schwarzkiefer usw. Höher hinauf steigen manche genügsame Weiden, die Lärche und die Krummholzkiefer.

Frischer Boden der Hochlagen sagt der Alpenerle, der Salweide, der Weißerle (bis etwa 1500—1700 m), dem Bergahorn (bis etwa 1500 m), der Esche usw. zu. Für geringere Seehöhen eignen sich Weißerle, verschiedene Weiden, Pappeln, die Hainbuche, Eiche, Bergulme, Esche usw.

Nasse Rutschflächen niedrigerer Lagen begrünt man mit Schwarzerle, schmalblättrigen Weiden, Pappeln u. dgl.

Gruppe 2 der Muschelanbrüche: die Weiterentwicklung besorgt hauptsächlich das rinnende Wasser.

Muschelbrüche, die aus trockenen oder nur wenig feuchten Hängen gemeißelt sind, zeichnen sich im allgemeinen durch einen mehr flachmuldigen Querschnitt aus. In die Hohlfläche sind zahlreiche Regenrillen eingegraben, welche alle dem „Grunde" der Muschel zustreben; die Rücken zwischen den Furchen sind meist niedrig und stumpfkantig. Bei Eintritt nasser Witterung und bei Wolkenbrüchen wühlt das abschießende Wasser immer tiefere Risse in den Bruch; gleichzeitig erfolgen Nachbrüche vom oberen Steilrande und von den Seitenwänden her; die hauptsächlich formende, umbauende Kraft bleibt aber das Wasser; es bohrt sich um so lebhafter in die Kahlfläche ein, je steiler die Hohlwand der Blaike abfällt und je leichter abschwemmbar ihr Baustoff ist. Die Blaike dehnt sich, rückwärtsschreitend, gegen oben, rechts und links aus; zugleich nimmt das Gefälle der Muldenachse langsam ab, die Erzeugende der Hohlform verflacht; die Rippen zwischen den Teilfurchen werden spitzwinkeliger; die scharfen Grate lösen sich bei geeignetem Klima in standfesteren Ablagerungen in einzelne Pfeiler und Säulchen auf (Entstehung der „Erdpyramiden").

Gute Bilder von muscheligen Ausrissen, die das rinnende Wasser zu Zeiten von Niederschlägen zerfurcht und in „zersägte Muschelblaiken" umwandelt, finden sich in den Veröffentlichungen von Champsaur[3] (Taf. 1: Torrent de Rioux-Bourdoux, Taf. 3: Südhang der Montagne de Chamatte, Taf. 5: Marnes irisées à Digne, Taf. 11: Torrent de Poche in den jurassischen Terres noires), Principi[37] (Abb. 331, S. 578, aus der Umgebung von Burg Canossa im Apennin der Emilia), Braun[60] (S. 43, aus dem Gebiete von Sazzuolo, Nordapennin), u. a.

Derartige Hohlformen mit ihren zahlreichen scharfen Graten und Rippen, ihren vergänglichen Türmchen und Pfeilern kommen u. a. sehr häufig in den Tonen gewisser Gegenden Italiens vor und heißen dort Calanchi; sie bilden strichweise eine Landplage.

Hat die Ausbildung der Muschelblaike ihren Höhepunkt erreicht, dann wird sie wieder rückläufig; die Erdpfeiler stürzen ein oder werden Stück für Stück abgetragen; die Rippen zwischen den Furchen verlieren die scharfe Schneide; sie böschen sich sanfter und die Teilrinnen vertiefen sich immer langsamer; die Schurfkraft des Wassers nimmt mehr und mehr ab.

Mit dem Erlahmen des Wasserschurfes setzen auch die ersten Begrünungsversuche der Natur ein; die geschützteren Stellen des kleinen Ablagerungskegels und der Bahn besamen sich und die keimenden Pflänzchen nehmen unverdrossen den Kampf gegen den Nachschub von oben auf. Im Ausrisse selbst kann anfangs kein Kräutlein aufkommen; sind aber die ersten heftigeren Angriffe der Meteorwässer und die ausgedehnteren Nachbrüche vorüber, dann vollzieht sich bei kleineren, trockenen Muldenbrüchen, wie man die flachen Muschelbrüche abwechslungsweise nennen kann, der weitere Abtrag langsamer und beschränkt sich fast nur mehr auf die oberen Teile der Blaike. Nun siedeln sich auch schon Gräser, Kräuter und Holzpflanzen vereinzelt im Sammelgebiete an, und gleichzeitig rückt vom Muldenhalse durch den Muschelgrund her ein immer dichter werdender Buschwald von Erlen, Weiden u. dgl. empor. Bald verrät nur mehr eine nackte Steilkante die frühere Ödfläche und auch diese verschwindet allmählich unter dem stetig wirkenden Hobel des allgemeinen Massenabtrages.

Die Verbauung derartiger Muldenanbrüche in ziemlich oder halbwegs standfesten Ablagerungen stellt meist eine dankbare Aufgabe für den Ingenieur dar. Seine baulichen Maßnahmen werden sich meist darauf beschränken, den „Grund" der Muldenblaike durch ein kräftiges Querwerk zu stützen und zu heben; die Tiefe des Ausrisses wird im allgemeinen auch die Höhe der Talsperre bestimmen. Wie viele niedrigere Sohlschwellen oberhalb des Abschlußwerkes nötig sind, hängt nicht bloß von der Ausdehnung des Ausrisses, seiner Tiefe, dem Baustoffe des Hanges usw. ab, sondern auch davon, wie groß die abschießenden Hochwassermengen und ihre schürfende Kraft sind. In derartigen Blaiken hat man weniger nötig, Nachbrüchen vorzubeugen, als vielmehr mit den einfachsten Mitteln die Sohle der entstandenen Rillen und Runsen zu sichern. In kräftig gegliederten, stark eingefurchten Blaiken fallen Abböschungen nötig. Schließlich krönen Bebuschungsmaßregeln das Beruhigungswerk. Zu den solcher Art mit Erfolg verbauten Muldenbrüchen gehört die Bichlerblaike im Ahrntale (1906). Schwieriger sind Muschelblaiken zu verbauen, welche in feuchte Lehnen eingebettet sind.

Ein hübsches Beispiel für einen derartigen in jüngster Zeit entstandenen Muldenbruch bildet der Erdschlipf unweit von See (1058 m Seehöhe) im Paznauntale (Abb. 27). Gegenüber dem Weiler Sesseleben entspringen hier auf einem steilen, unter etwa 60 vH geböschten, schuttreichen Hange drei Quellen, deren Wasserspende vor Eintritt der Rutschung in einer gewöhnlichen Runse unschädlich zur Trisanna ablief. Beim Abschmelzen des im Winter 1909/10 in gewaltigen Mengen gefallenen Schnees saugte sich der Steilhang ganz mit Wasser voll; am 23. Mai 1910 gelangte infolgedessen ein breiter Streifen des Geländes unterhalb der in der Zeichnung wiedergegebenen Scheune ins Gleiten und wälzte sich über die Talstraße der Trisanna zu; der entstandene Anbruch verbreiterte sich rasch und ergriff auch bald die oberhalb gelegenen Schuttmassen, welche durch den ersten Anbruch ihren stützenden Fuß verloren hatten. Als die Abbrüche ungefähr die Höhe der Scheune erreicht hatten, löste sich dann die gewaltige Schuttmasse des westlichen, linken Lappens los und schließlich der westliche, rechte Hangstreifen. Durch derartige wiederholt nacheinander erfolgende Einzelrutschungen tat sich auf dem Hange ein umfangreicher Muldenbruch von 350 m Länge, 50 m größter Breite und rund 20 m Tiefe auf.

Mustermäßig wie die stufenweise Entstehung der Muldenblaike verliefen auch die Folgeerscheinungen des Abbruches. Die Schuttmassen drängten in einer Breite von über 300 m gegen die Trisanna vor, warfen den Fluß aus seinem Bette und zwangen ihn, am rechten Ufer durch Annagung des nördlichen Hanges sich ein neues Bett auszuwühlen. Am 11. Juni 1910 vergrößerte die infolge der Schneeschmelze im Talinnern hoch angeschwollene Trisanna den entstandenen Uferanbruch noch weiter bis auf etwa 20 m Höhe und verlängerte ihn auf mehr als die doppelte Strecke bis unterhalb des Weilers Sesseleben, der hierdurch auch mit Abrutschgefahr bedroht wurde.

In technischer Hinsicht wäre zu bemerken, daß durch den Ausbruch der gewaltigen Nische des Muldenbruches bereits eine natürliche Entwässerung des Hanges eingeleitet erschien. Ein kräftiges Querwerk in der Höhe der Scheune, das auf eine in der Sohle durchziehende Felsschwelle aufgesetzt werden kann, wird dem oberen Teile des Anbruches einen erforderlichen Halt gewähren und neuerlichen, durch viele aufgerissene Spalten angekündigte Bewegungen vorbeugen. Der Hauptwert aber muß auf unschädliche Ableitung der drei Quellen oberhalb des Muldenbruches gelegt werden, die etwa mittels nahtloser Stahlmuffenrohre unschwer erfolgen kann. An die Ausführung dieser technischen Arbeiten wird sich die Abböschung des Bruchgeländes und seine Wiederbegrünung anzuschließen haben. Daneben erheischen selbstverständlich auch die von der Trisanna angerichteten Schäden eine Behebung und baulicher Mittel zur Verhinderung des Umsichgreifens der Uferbrüche (Stand 1911).

Die Schurftätigkeit des Wassers und ihre Leistungen werden verständlich, wenn man bedenkt, daß die Muldenbrüche in ihrer Muschel eine Unzahl von Bewegungsanstößen und Angriffsmöglichkeiten für den Abtrag durch das Wasser sammeln. Von ihrem Grunde strahlen gewissermaßen die Kraftlinien aus, die formend auf das ganze Hinterland wirken. Den Ausgangspunkt stellt entweder ein Ausriß in einer Hangfurche oder gleich ein kleiner Muldenbruch dar; fast immer aber erscheinen die Mulden dieser Gruppe eingebettet in einem winzigen Tälchen, einem wenn auch noch so unausgesprochenen Wasserwege, einer flach gespannten Einbauchung im Hange u. dgl. Die gestaltgebende Bedeutung der Muldenbrüche wächst mit der Zunahme ihrer Größe; durch fortgesetztes Zurückweichen der bogenförmig verlaufenden Rückenwand erobert der Bruch immer mehr Bodenfläche und erweitert sich auf Kosten seiner Nachbarschaft. Oft kommt es so zu einem Kampfe mit einem nahe daneben liegenden Muldenbruche oder mit einem vorüberziehenden Wasserrisse; Enthauptungen kleiner Nachbarbäche, Anzapfungen anderer Anbrüche usw. kommen vor.

Auf den Steilhängen, welche die Schluchten und Felsklammen der Talbäche begleiten, reiht sich häufig Muldenbruch an Muldenbruch in den verschiedensten Entwicklungsstufen; kleinere, weißstarrende Muscheln liegen neben älteren, deren graue Öde bereits durch grüne Flecken gemildert erscheint, oder vollkommen ausgeheilten, mit lückenloser Pflanzennarbe begrünten. Geometrisch scharf gezeichnet ziehen sich die Ränder der verheilten Brüche in Birnform zur Schlucht herab.

Hervorragend schön tritt die formgestaltende Arbeit der Muldenbrüche auf dem rechten Steilufer des Gerlosbaches (Zillertal) zwischen dem Weiler Gmünd und dem Klammausgange hervor; der vordere Schluchtteil zeigt auch am linken Ufer viele Muschelformen. Minder zahlreich, doch ebenfalls lehrreich sind die Muschelbrüche in den sog. Angern (Wiesenflächen inmitten von Wald- oder Weideland) am rechten Talgehänge des Märzenbaches unterhalb der Gmünder Aste, an beiden Ufern der Schlucht des Gaderbaches zwischen Montal und Piccolein (Südtirol), an jenen der Klamm des Rauterbaches (Antholzertal) usw. Kleinere Muldenbrüche jüngerer Entstehung trifft man fast in jedem Wildbachgebiete an; so im Antholzertale die Muschelbrüche des Wanzlbaches, des Zwieselgrabens, des Nesselbaches und jene des Bichlbaches. Beispiele dafür, wie stark die Bruchmulden an der Talbildung im Hochgebirge beteiligt sind, könnten noch in Unzahl herangezogen werden; ja die muldigen Muschelbrüche besitzen eine so weite Verbreitung, daß es beinahe unbegreiflich erscheint, wie ihre genauere Beschreibung und ihre Auslösung aus dem unbestimmten Begriffe der Rutschungen im allgemeinen so lange vernachlässigt werden konnte.

Stets handelt es sich bei diesen Arten der Geländebrüche um Hangteile aus losen Massen, welche die schürfende Tätigkeit eines Baches vor Zeiten herausgeschnitten hat und die nun für einige Zeit seinen Fußangriffen entrückt sind. Ihr Böschungswinkel ist noch zu steil, um unter allen Bedingungen im Gleichgewichte zu bleiben; ihre Fläche ist durch Wasserrisse in mehr oder minder lange, schmale Streifen zerlegt, die sich selbständig entwässern. Führen diese Furchen ständig Wasser oder laufen sie wenigstens hoch genug am Hange empor, um zur Regenzeit genügend anschwellen zu können, dann bleibt dem Wasser die führende Rolle bei der weiteren Entwicklung des Seitentälchens und die verschiedenen Brucharten wirken bloß helfend mit. Im Gegenfalle aber siedeln sich auf dem Hange bzw. seinen Verschneidungen Muldenbrüche (vgl. Gruppe 1) an, welche sich immer mehr vergrößern und Talmulden von einiger Bedeutung bilden. Die zwischen den Nischen stehenbleibenden Rippen verflachen dann ebenso wie die Trichterwände durch später eintretende Ausrisse, durch den allgemeinen Massenabtrag usw.

Sind die Ablagerungen, in welchen sich die Muschelblaiken einnisten, leichter beweglich, dann entstehen durch Nachrutschen und Wasserschurf meist Trichteranbrüche; aber auch in diesen kann, wenn die Abböschungsvorgänge durch Nachrutschungen sich allmählich erschöpfen, das Wasser die Oberhand gewinnen und die Führung bei ihrer Weiterentwicklung übernehmen. Dies tritt besonders dann ein, wenn die Anbrüche in Hangfurchen liegen; in Grenzfällen schneiden die Wässer derart lebhaft und rasch ein, daß die ursprüngliche Form des Anbruches ganz verwischt und die Blaike in eine Wildrunse von der Art eines verästelten Feilenanbruches (Gruppen-Feilenblaike) u. dgl. umgewandelt wird. Wie auch schon früher angedeutet (S. 78), können sich ganze „Bösland“-Gebiete in einem Gelände entwickeln, in dem einmal durch Rutschungen und Blaiken die schützende Pflanzendecke örtlich entfernt und die Angriffspunkte für die Schurftätigkeit des Wassers geschaffen sind. In solchen Fällen handelt es sich für den Verbauungsingenieur weniger darum, Rutschungen vorzubeugen, als die Sohlenangriffe des Wassers zu verhindern und Abflußbedingungen zu schaffen, welche jenen vor der Einrunsung des Wassers tunlichst gleichen.

Gruppe 3: Muschelanbrüche, welche vorwiegend „zurückwittern“.

Geringfügige oder selten erfolgende Nachbrüche, mäßige Wassertätigkeit und vergleichsweises Überwiegen der „Abwitterung“, Abspülung usw. kennzeichnen die dritte Gruppe der sich weiterentwickelnden Muschelausrisse. Sie sind selten sehr ausgedehnt und liegen meist abseits der Verschneidungslinien der Hänge; man kann sie der Kürze wegen ganz allgemein als „Ausrisse" bezeichnen. Ihre Bedeutung für die Geschiebeführung der Gebirgsbäche liegt weniger in der Größe der bewegten Massen, sondern mehr in der Häufigkeit der Erscheinung; es kommt ihnen allgemeinste Verbreitung im Hochgebirge zu. Es gibt kaum eine Stelle auf einem Steilhange, an der nicht ein auslösender Anstoß einen kleinen, ausbißartigen Muschelbruch hervorbringen kann oder in früheren Zeiten bereits hervorgerufen hat. Nur ganz wenige Abhänge in unseren Alpen haben schon jenen Grad verhältnismäßiger Reife erlangt, der zahlreichere Brüche verhindert und nur mehr Feinbewegungen von der Art des Gekrieches (creeping) oder Schuttwanderns und der Keimlingsrutschungen zuläßt. Auf der weitaus größeren Fläche der Hochgebirgshänge vollzieht sich der Böschungsausgleich und die Verflachung in der weit ungestümeren Art des „Ausrisses" und der „Mulden-" bzw. „Trichterbrüche". Sind außer dem nötigen Anstoße die vorbereitenden Bedingungen für die Bildung eines Ausrisses gegeben, so ist dagegen selbst eine dichte Rasendecke völlig machtlos; denn die Abtrennungsfläche liegt ja fast immer viel tiefer als die Wurzeln der Pflanzen. Auf den Matten bringt auch der Farbengegensatz zwischen der Ödfläche und ihrer grünen Umgebung den Vollzug der Rutschung viel deutlicher zur Wahrnehmung als auf kärglich bestockten Abstürzen, obgleich Ausrisse auch hier zu den verbreitetsten Erscheinungen zählen. Im allgemeinen ist sogar auf schütter bestandenem Steilboden der „Ausriß" der vornehmste, abböschende und formgebende Vorgang.

In der Regel spielt sich die Ausgestaltung einer „reifen" Böschung eines Anbruches (die „Ausreifung" eines Ausrisses) ungefähr folgendermaßen ab. Wind, Regenwässer, Frost, Kammeis, chemische Verwitterung und kleine Abbrüche bringen Stoffe zur Ablösung, die sich am Fuße des Hanges in Form einer Schutthalde ansammeln; immer höher züngeln die Spitzen der einzelnen Schuttkegel am Steilabsturze empor. Je tiefer die Steilwand in den Schutt taucht, um so langsamer vollzieht sich die Einpuppung des Bruches; die geschiebeliefernde Fläche verkleinert sich ja von Jahr zu Jahr, verliert an Neigung und auch die ablösenden Kräfte werden schwächer. Inzwischen rückt der Pflanzenwuchs vom Böschungsfuße nach aufwärts und ruht nicht, bis er auf der ganzen Fläche Fuß gefaßt hat. An die Stelle des Steilabsturzes tritt ein Hang von schwächerer, ungefähr gleichmäßiger Neigung; eine geringe Abnahme des Böschungswinkels gegen die Talsohle zu wird erst bei genauer Messung merkbar.

Die so entwickelte Böschungslinie bedeutet aber in den meisten größeren Blaiken noch lange nicht den Zustand völligen Gleichgewichts. Dazu ist die Ablagerung noch zu jung, zu locker aufgeschüttet und von

zu ungleichmäßiger Druckverteilung im Innern. Die Masse ist in mäh-
lichem, aber beständigem Setzen begriffen, das so lange andauert, bis
die größtmögliche Lagerungsdichte des Materials erreicht ist; daß an
diesem Vorgange das im Boden kreisende Wasser lebhaft beteiligt ist,
bedarf keines weiteren Beweises; es schwemmt die feineren Teilchen in
die Tiefe und füllt damit die Hohlräume zwischen den größeren Trüm-
mern. Damit aber verlegt es sich nur selbst seine Bahnen, es bilden sich
stellenweise kleine, unterirdische Ansammlungen, die den Anstoß zur
Bildung von kleinen Muschelbrüchen geben. Befördert wird die Entstehung der Ausrisse noch durch die Belastung der unteren Schichten
durch die darüberliegenden; in diesen vollzieht sich das „Setzen“ in der
bekannten Form einer langsamen lotrechten Bewegung, die vielleicht
kaum durch örtliches Reißen der Rasendecke äußerlich sichtbar wird.
Immerhin aber öffnen sich wieder neue Wege für das eindringende Wasser.
Die gebuckelte Zunge der Ausrisse verflacht durch Feinbewegungen.
Schließlich vernarben die Anbrüche wieder und an Stelle der verharsch-
ten treten neue in der Nachbarschaft auf. Mit dem Dichterwerden der
unteren Teile wandern auch die Tiefpunkte der Muschelbrüche aufwärts,
bis schließlich auch der Rand des Hanges in die Bewegung hineingezogen
wird. Da die Stärke der Rutschungen nach oben mit vermindertem
Drucke abnimmt, und dem bildsamen Stoffe der Zunge der weniger
bewegliche des Randes gegenübersteht, bildet sich als Endergebnis der
eingeleiteten Verflachung ein Hang mit von oben gegen unten zu stark
abnehmender Neigung heraus, der zu umfangreicheren Rutschungen
nicht mehr fähig ist, vorausgesetzt, daß die Gleichgewichtsbedingungen
nicht von außen her neuerlich grob gestört werden. Kleinere, im Keime
erstickte Rutschungen und Kriechbewegungen können aber immerhin
noch einsetzen. Häufig entstehen die Ausrisse an quelligen Orten auf
vernäßten Hängen, überhaupt an Stellen, deren Feuchtigkeitsgrad
größer ist als jener der Nachbarschaft.

Nicht immer sind jedoch die Ausrisse auf höheren Steilhängen an
durchtränkte Stellen gebunden; oft finden sie sich im Almengürtel auf
ganz trockenen Hangteilen. Immer aber bezeichnen sie Stellen geringeren
Widerstandes gegen Bewegungen auslösende Kräfte. Häufig liegen sie,
mit Blattbrüchen vergesellschaftet, in Geländemulden, die sich bei näherer
Betrachtung als vernarbte alte Muldenbrüche entpuppen. Hier stellen
sie gewissermaßen die letzten Zuckungen einer früher weit lebendigeren
Hangfläche dar, die nunmehr für kürzere oder längere Zeit einem be-
ständigeren Gleichgewichtszustande entgegengeht. In dieser Hinsicht
ist überhaupt ein gewisser Kreislauf der hanggestaltenden Vorgänge nicht
zu verkennen. Aus einem Ausrisse kann sich allmählich ein großer
Muldenbruch entwickeln; nach seiner Vernarbung oder auch schon
gegen das Ende des Verheilungsvorganges stellen sich auf den Trichter-

böschungen Ausrisse ein, die den Rand des Bruches endgültig glattfeilen. Hat dann der Pflanzenwuchs einen geschlossenen grünen Teppich über die Hohlform gebreitet, so können neue Ausrisse in die Narbe wieder Lücken reißen; klimatische Änderungen bzw. der in großen Zwischenräumen erfolgende Eintritt ganz außergewöhnlicher Niederschläge müssen hierfür in erster Linie verantwortlich gemacht werden.

Im großen und ganzen betrachtet, arbeiten die Ausrisse im allgemeinen langsam; sie schlagen dem Hange viele, aber kleine Wunden, welche oft bald wieder vernarben, und verteilen sich in zerstreuter Anordnung über große Flächen. Sie wirken daher mehr in die Weite und leisten erst durch den sprunghaften Wechsel ihrer Angriffsstelle und die öftere Wiederholung am selben Platze bodengestaltlich Erhebliches, insbesondere dann, wenn sie als Begleiter und Gehilfen anderer größerer Brüche auftreten. Unangenehm werden die Ausrisse dem Landwirte, dessen Besitz sie verwüsten; daher schreitet der Bergbauer oft selbst zu ihrer Versicherung und Wiederbegrünung. Ihr Wandern auf den Hängen macht sie zu unberechenbaren Erscheinungen der Wildbachsammelgebiete; sie beunruhigen die Hänge und werfen gar oft auch Schutt in die Gerinne selber. Dies zwingt nicht selten den Ingenieur, sie unschädlich zu machen; zu diesem Behufe genügen meist einfache Maßnahmen; ein oder mehrere Querwerke, meist aus Holz, ein paar Verflechtungen oder Spreitlagen und schließlich die Berasung oder noch besser die Aufforstung mit tiefwurzelnden Holzarten.

Mehr über die Ausrisse zu sagen, verbietet der Rahmen des Büchleins, welches sich ja nicht mit den Rutschungen im allgemeinen beschäftigen, sondern einen Beitrag zur Kenntnis der Geschiebeherde liefern will. An die Muschelblaiken, welche vorwiegend die „Rückwitterung" vergrößert, schließen sich auch jene häufigen Kahlflächen der Hochlagen an, welche ähnlich den Schaufelanbrüchen und den Blattbrüchen nur wenig in den Hang eingesenkt sind und ihre Entstehung einer ganz geringfügigen Rutschung verdankt haben. Ihre Ausformung verdanken sie zum größten Teile dem Tritte des Weidenviehes und des Wildes, der Abspülung durch die aufschlagenden Regentropfen und dem in die Kahlstelle sich einbohrenden Hagel, dem Froste, Kammeise usw. Sie treten zuweilen gesellig auf einem Hange auf und zerfetzen unregelmäßig sein grünes Pflanzenkleid. Meist sind es Übergangsformen zwischen den eigentlichen Lehnenrutschungen und den Wirkungen der allgemeinen Lehnenrückwitterung.

Durch „Rückwittern" der nackten Muschelwände drücken sich auch viele „felsige" Muschelausrisse ganz allmählich immer mehr in den Bergleib hinein. Zu ihrer Beruhigung braucht die Natur Jahrhunderte bis Jahrtausende; erst sehr spät verlieren die Randkanten ihre Schärfe; vereinzelte Sträucher und Bäume ergreifen dann von der weniger steinschlägig gewordenen Felslehne Besitz. In die Südwände des Tschirgant gegenüber der Einmündung der Oetztaler Ache, in die Südabstürze der Villacher Alpe (Dobratsch) bei Arnoldstein usw. sind zahlreiche Felsmuschelanbrüche eingegraben. Da sie eigentlich Jungschutt in die Wasserläufe werfen, gehören die Wildwässer, die sie beladen, zu den „Jungschutt-" oder „Verwitterungsbächen" (s. diese S. 100). Es schlagen somit die Felsmuschelanbrüche die Brücke zu den Jungschuttgeschiebeherden.

Anhang zu den Muschelanbrüchen.

Der Kenner der Rutschungserscheinungen wird unter den besprochenen Arten der „Muschelausrisse" eine Reihe von Rutschflächen vermissen, deren äußere Form, Entstehung und Weiterbildung manche Züge mit den hier ausführlich erörterten Unterarten der Muschelblaiken gemein hat; so die Rutschungskeimlinge, einen Teil der „Frane" Italiens, die Kesselrutschungen der Oststeiermark, welche A. Winkler (Erläuterungen zu Blatt Gleichenberg, Wien 1927) genauer beschrieben hat, ferner die Muschelrutschungen, das Muschelschuttwandern und die Blockmulden großer Seehöhen u. a. m.

In den meisten dieser Fälle handelt es sich entweder um Erscheinungen, welche so langsam vor sich gehen, daß keine „Kahlfläche" im eigentlichen Sinne und daher auch kein Geschiebeherd für Bäche entsteht; die in Bewegung befindliche — oder bewegt gewesene — Fläche ist ein Einzelwesen, das nur unmittelbaren Schaden anrichtet und daher um seiner selbst willen — allenfalls — verbaut werden muß; es besteht keine Verknüpfung mit dem Geschiebehaushalte eines Gewässers. Oder es trat nur eine einzige Bewegung ein, welche gleich im Keime wieder erstickt wurde, so daß auch hier keine nennenswerte Kahlfläche und kein Geschiebeherd entstehen konnte.

So sehr solche Arten von muschelartigen Rutschungsformen Bedeutung für den Landwirt, die Verkehrswege und Siedlungen, ferner für die Gestaltung der Geländeformen haben mögen, und so oft auch der Ingenieur sich mit ihnen beschäftigen muß, für den Haushalt der Gewässer haben sie nur in der kleineren Anzahl jener Fälle Bedeutung, in welchen Teile ihrer Masse als „Jungschutt" in ihr Gerinne einwandern. Unter diesem Gesichtswinkel müssen sie weiter unten erwähnt werden; einzig und allein aus diesem Grunde sollen ihnen auch hier ein paar Zeilen gewidmet werden.

Viele Rutschungskeimlinge (Abb. 26) stellen eigentlich nichts anderes dar, als ein in der augenblicklichen Kraftäußerung und Bewegungsschnelligkeit gesteigertes, nach der Auslösung wieder zur Ruhe gekommenes „Schuttwandern"; es sieht oft so aus, als hätte sich der bis zum Übermaß beanspruchte Hang schon durch das Aufklaffen eines gehörigen Spaltes und ein kleines Abwärtsrutschen von Massen „Luft verschafft". Da sie solchermaßen in gewissem Sinne zu dieser verwandten Rutschungsart hinüberleiten, wäre auch ihre oberflächengestaltende Wirkung in ähnlicher Weise zu werten; die sich ergebenden Unterschiede sind mehr oder minder weniger nur stufige.

Gute Abbildungen derartigen wandernden Muschelschuttes treffen wir z. B. bei Martonne[81] (Taf. 11A: Glissement de sables argileux près de Tintea, Moldavie und Taf. 11B: Glissement de sables sarmatiens à gros blocs de grès, près Cluj, Transsylvanische Alpen).

Das Schuttwandern betätigt sich durch längere Zeiträume, und vermag erst während dieser verhältnismäßig ungefähr ebensoviel Bodenmassen durch- und übereinander zu schieben, wie die erstickte Rutschung in kurzer Zeit; dagegen wirkt es meist über eine größere Fläche hin und gewinnt dadurch an Leistungsvorsprung gegenüber den örtlich begrenzten, wenngleich auch nomadisierend auftretenden Rutschungskeimen. Während im Berglande die durch Götzingers[37] Arbeit bekanntgemachte Verbreitung und Bedeutung des „Gekrieches" (besser Schuttwandern genannt) gewiß sehr auffällt, tritt sie in den Hochalpen trotz allgemeinster Verbreitung im großen und ganzen in den Hintergrund; die Böschungen sind hier meist auf große Erstreckungen hin so steil und unausgeglichen, daß die einzelnen Erdschollen beim Auftreten von auslösenden Anstößen zerreißen und in heftigere Bewegung geraten, als sie einem bloßen Schuttwandern entspricht. Hand in Hand damit trifft man hier auch Rutschungskeimlinge seltener als die anderen Formen der Muschelbrüche; in bodengestaltender Hinsicht leisten sie obendrein nur Kleinarbeit und machen sich daher in ihren Wirkungen nicht so sehr fühlbar. Am häufigsten trifft man sie noch auf bewachsenen Dämmen, auf niedrigen Steilhängen zwischen zwei Fluren, an quelligen Orten, auf sanft geneigten Almböden usw.; sie versetzen mithin, mit ihren größeren Verwandten verglichen, den Werken des Ingenieurs und der Wirtschaft des Menschen nur „Nadelstiche". Aber auch Nadelstiche verwunden und schmerzen, wenn sie eine heikle Stelle des Körpers treffen. Und so lassen auch Rutschungskeimlinge nicht selten ihre Unschädlichmachung wünschenswert erscheinen.

Es bedarf hierzu in der Regel keiner sehr kostspieligen baulichen Maßnahmen. Mit der „Aussitzung" sind ja die Bewegungen der Lehne meist wieder für lange Zeit zur Ruhe gekommen. Es genügt daher in der Regel, die Reibung der Massen auf ihrer Unterlage und ihren inneren Zusammenhalt zu erhöhen und außerdem ihre übermäßige Durchfeuchtung zu verhindern. Das erste Ziel wird oft schon durch einfache Entwässerungsmaßnahmen erreicht; so z. B. durch Ziehen von Gräben, oder durch kurze Drainungen; für massigere Bauten fehlt auf den Hängen meist die nötige, untere Abstützung; daß sich die rutschungsbefördernde, den Feuchtigkeitsgrad der Umgebung etwas übersteigende Tränkung des Rutschungsgrundes mit Wasser oft nur durch ein paar feuchtigkeitsliebende Pflanzen, wie Kohldisteln (Cirsium oleraceum), Sumpfdotterblumen (Caltha palustris) usw. leise andeutet, wurde bereits erwähnt (S. 68). Das Eintreiben von Pfählen namentlich in die unteren Teile der Rutschfläche kann dann, aber nur dann von guter Wirkung sein, wenn — wie dies ja oft zutrifft —, die bewegten Massen keine größere Mächtigkeit besitzen, so daß es gelingt, die Pfähle durch sie hindurch noch ein genügendes Stück in die standfeste Unterlage hineinzutreiben; man heftet so den bewegten Oberlappen gewissermaßen an das tragende Hanggerüst an. Das Einsickern von Wasser in die tieferen Teile der Rutschung verhindert man aber dadurch, daß man alle klaffenden Spalten, namentlich die oberen Randklüfte sorgfältig mit festem Ton ausstampft. Überhaupt empfiehlt sich ein gewisses „Ausgleichen" aller Bodenunebenheiten, welche den Abfluß des Oberflächenwassers verhindern können. Zuweilen wird die Ableitung von Rieselwasser nötig, das in einer leichten Verschneidung des Hanges, oder auf ungegliederten Hängen von einer kleinen Quelle aus den Weg zur Rutschfläche gefunden hat; aus den gleichen Gründen müssen undichte, die Lehne querende Wasserleitungen und Wassergräben beachtet, gedichtet oder nötigenfalls verlegt werden, wenn aus ihnen austretendes Wasser die Aussitzungen begünstigt.

Nahe verwandt, aber anders geformt und vor allem wesentlich größer sind die zahlreichen Kesselrutschungen, welche in der Ost- und Mittelsteiermark auftreten und gewisse Geländestriche mit rutschungsgefährlichem Schichtaufbau geradezu pockennarbig gestalten. Sie werden in der Umgebung von Graz, Feldbach, Gnas, Kapfenstein usw. (vgl. A. Winkler) zu einer wahren Landplage. Zusammensetzung der Lehnen aus wechsellagernden Sanden und Tegeln, wie sie sich hier in den sarmatischen und pontischen Ablagerungen so häufig findet, begünstigt ihre Entstehung.

Feuchte Frühjahre, wie jenes von 1917, lösen auf den Steilhängen der Oststeiermark stets mehr oder minder zahlreiche, neue Bewegungen in alten Ausbruchkesseln aus, auf deren Grunde bzw. auf deren Ablagerungsgebiet die sanft geneigte Fläche nicht selten Menschen zur Ansiedlung verleitet hat. Beschädigungen von Häusern durch Bildung weit klaffender Mauerrisse, ja die Zerstörung von Wohn- und Wirtschaftsgebäuden durch solches Neuerwachen schlummernder Rutschungen gehört in solchen niederschlagsreichen Jahren nicht zu den Seltenheiten. Die größeren, im Walde liegenden Kesselbrüche tragen in ihrem Grunde nicht selten kleine Wasserbecken und zeigen auch sonst eine kleine Ähnlichkeit mit den Karen der Hochgebirge, von denen sie allerdings eine ganz verschiedene Entstehungsschicht trennt. Trotz mannigfachen

„Wellenwerfens" der bewegten Massen, trotz des Aufklaffens weit geöffneter Randspalten usw. werden größere Flächen nicht von Pflanzenwuchs entblößt. Ich möchte daher den Ausdruck „Kesselblaiken", der
für solche Schauplätze von bald ruckweisen, bald langsamen, andauernden
Bewegungen ihrer Form nach zutreffen würde, absichtlich vermeiden
und von Kesselrutschungen und Rutschungskesseln (Wanderschuttkesseln) sprechen. Der Ausdruck „Anbruch" würde für die meisten
dieser Rutschungskessel sicherlich zutreffen; wenn ich ihn nicht verwende, so geschieht dies aus dem reinen Zweckmäßigkeitsgrunde, die mit
Pflanzenwuchs bestockten Wanderschutt- und Rutschungskessel von
den eigentlichen Kahlflächen ebenso abzutrennen wie die Rutschungskeimlinge usw.

An Mulden-, Trichter- und Kesselrutschungen sind auch die Flyschgebiete des Nordsaumes der Alpen überaus reich. Hier hat sie besonders
O. Götzinger[37] eingehend durchforscht. Nach meinen eigenen Beobachtungen treten sie besonders häufig im Glaukonit-Eozän und in den
„bunten Schiefern" auf.

Manchmal liegen mehrere derartige, begrünte Rutschflächen übereinander, so z. B. nordöstlich von St. Michel am Bruckbach bei Seitenstetten, Niederösterreich. Hier zieht ein Streifen der für das sog. Glaukonit-Eozän des Flysches kennzeichnenden kieseligen Sandsteine mit
ihren Zwischenlagen von bunten Schiefern durch. In seinem Bereiche
folgen, wie die Abb. 31 rißhaft darstellt, zwei Rutschflächen übereinander. Aus den Geländeformen kann man ersehen, daß die untere Kesselrutschung die obere nicht beeinflußt hat; eher erweckt es den Eindruck,
daß die oben ausgequollenen Wellenmassen durch Belastung des Hanges
weiter unten die Bewegung der tieferen Kesselrutschung befördert hätten.
Der von dem „Gehängeschuttwandern" betroffene Geländestreifen ist
oben mäßig feucht; hier kann noch Ackerbau getrieben werden; nach
unten zu wächst die Durchnässung und erlaubt nur mehr die Beweidung
und die Wiesennutzung; aber die Grasnarbe ist von Moosen durchwachsen;
feuchtigkeitsliebende Gräser und Kräuter stellen sich besonders im Grunde
der Rutschung ein und zwingen den Besitzer, Entwässerungsgräben zu
ziehen. — Derartige, stufenweise übereinander liegende Muschelrutschungen kann man als „Rutschungstreppe" oder „Treppenrutschungen" bezeichnen (man vgl. den Ausdruck „Treppenkare").

Handelt es sich um die Verbauung von solchen „Kesselrutschungen",
„Rutschungskeimlingen" und ähnlichen Rutschgebieten, in welchen der
allergrößte Teil der Bewegungsfläche („Gleitfläche") von den zur Ruhe gekommenen Massen verdeckt wird, so muß man häufig in erster Linie den
Verlauf der Ablösungsfläche zu erkunden suchen. Zu diesem Zwecke teuft
man Schurfschächte ab, gräbt Röschen oder setzt Flachbohrungen an; die
klarsten Aufschlüsse über die Lage der Trennfläche, ihre Beschaffenheit

Tragfähigkeit, Wasserführung usw. geben Röschen, Tonnlagen und seigere Schächte. Das Ergebnis dieser Vorarbeiten auf Schichtenplänen und Schnitten dargestellt, bietet dann die Unterlage für die Wahl der Stützungs- und Entwässerungsmaßnahmen.

Echte Kahlflächen sind auch viele der sog. „Frane" nicht, welche gewisse Gebiete Italiens furchtbar verheeren. R. Almagia[28] hat sie zum Gegenstande einer eingehenden Sonderuntersuchung gemacht, die mich eines näheren Eingehens auf sie enthebt.

Ebenso seien bloß aufgezählt die Rutschtrichter, Rutschmulden und sonstigen Rutschmuscheln aller Hänge vom Hügellande bis zum Mattengürtel der Hochgebirge hinauf, die Wanderschuttmulden, ferner die Blockmulden, Blockmuscheln u. a. m. der Hochlagen.

Stiny, Grundlagen.

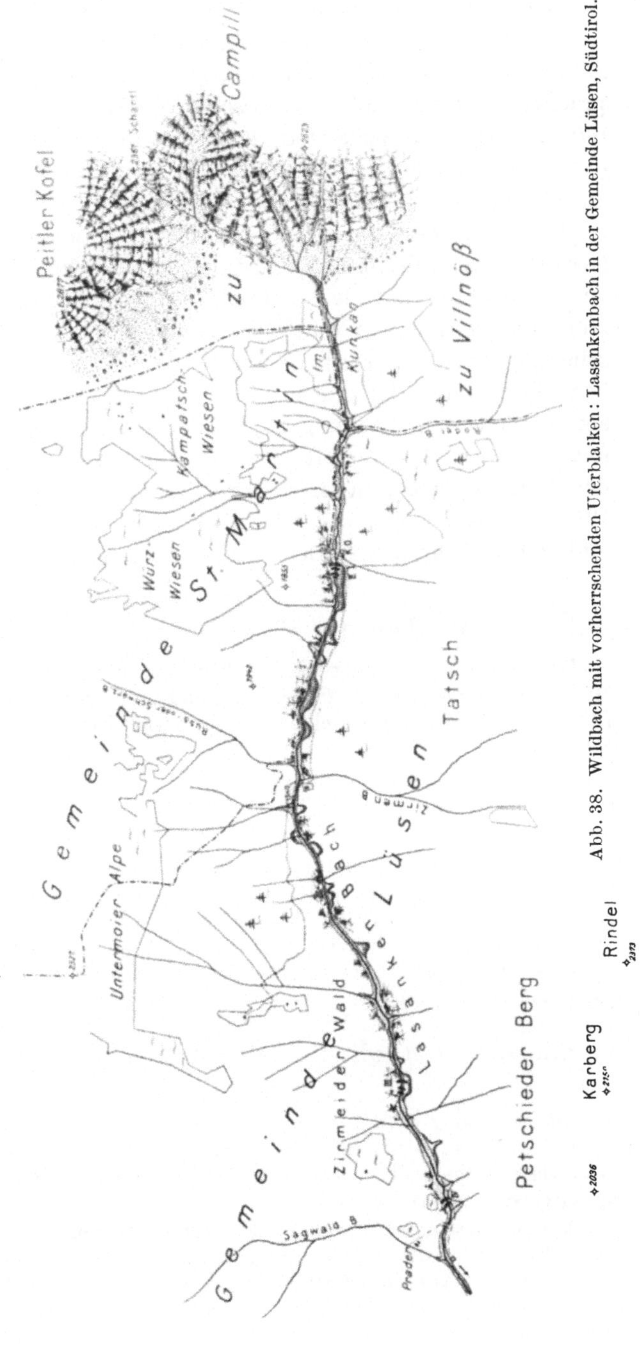

Abb. 38. Wildbach mit vorherrschenden Uferblaiken: Lasankenbach in der Gemeinde Lüsen, Südtirol.

Die Muschelanbruchformen spiegeln sich auch in den Gestalten unserer Täler wieder; diese stellen oft gewissermaßen nur vergrößerte Abklatsche jener dar. Wir sehen in die Hänge unserer Hochgebirge prächtige Sammeltrichter eingesenkt, die sich von den Trichteranbrüchen nur dadurch unterscheiden, daß sie ein grünes Pflanzenkleid tragen; der Gesamteindruck wird nur wenig gestört, wenn dieser grüne Mantel da und dort von Anrissen zerfetzt und durchlöchert ist. Wo anders treffen wir wiederum mustermäßige, kesselähnliche Talschlüsse an (Kesseltal, Kesselschluß, Zirkustäler, Houle [Oule] in den Pyrenäen), oder wir beobachten auf den Lehnen rasige, weitgespannte Mulden, deren Hohlraumform sich in keiner Weise von jener der Muldenanbrüche unterscheidet. In allen diesen Fällen handelt es sich um Gebilde, deren ähnliche Form auch der Ausdruck ähnlicher, wenn auch nicht völlig übereinstimmender Entstehung ist; bei der Ausformung der talartigen Formen und der Talschlüsse spielt aber das rinnende Wasser eine größere Rolle; der Vorgang vollzieht sich ferner weit langsamer und gestattet dem Pflanzenwuchse, von der Oberfläche der Hohlform Besitz zu ergreifen und sich auf ihr mehr oder minder dauernd zu behaupten.

Übersicht über die Einteilung der Muschelrutschungen.

Zur besseren Übersicht sei die hier von mir vorgeschlagene Einteilung der Muschelrutschungen nach Einteilungsgrundsätzen zusammengefaßt wiedergegeben. Die Namen der für den Geschiebehaushalt wichtigeren Muschelblaiken sind unterstrichen.

a) Einteilung nach dem Grade der Ausbildung einer kahlen Hohlform.

1. **Wanderschuttmuscheln.** Rasendecke nicht flächenhaft entfernt, nur gewellt und von Sprüngen durchzogen (Vorgang: Muschelwandern) } durch Übergänge verbunden.

2. **Rutschungskeimlinge** (Vorgang: Keimlingrutsch)
3. **Voll ausgebildete, kahle Muschelanbrüche** (Vorgang: Muschelbruch) } durch Übergänge verknüpft.

b) Einteilung nach der Art der Weiterbildung der Blaiken (Kahlflächen).

Die Einteilung betrifft somit nur die Gruppe 3 der Einteilung unter a).

1. **Nachrutschungsmuscheln** (Nachrutschungstrichter-, Nachrutschungskesselblaiken usw). Den weiteren Umbau der entstandenen Kahlfläche besorgen vorwiegend Nachbrüche.

2. **Einrunsungsmuscheln.** Die Schurfwirkung des Wassers auf der Blaike ist wirksamer als die unabhängig von ihr eintretenden Nachrutschungen.

3. **Nachwittermuscheln.** Wasserwirkung und Nachbrüche treten an Wirksamkeit zurück; verhältnismäßig geringfügige, geologische Vorgänge, wie Frost, Abspülung, chemische Verwitterung usw., übernehmen die Führung und böschen die Blaike allmählich zu.

c) **Einteilung nach der äußeren, flächenhaften Form des Grundrisses der Blaike (Gruppe 3 der Einteilung a).**

1. **Einfache oder ungegliederte Muschelanbrüche:**
   α) gedrungene Muschelblaiken (Spatelblaiken)
   β) birnförmige Muschelblaiken
   γ) löffelförmige (Löffelanbrüche)
   δ) langgestreckte Muschelblaiken

   verschiedene verbindende Übergangsformen.

2. **Zusammengesetzte oder gegliederte Muschelanbrüche:**
   α) gelappte Muschelblaiken (Muschelblaiken mit Lappen)
   β) gekoppelte Muschelblaiken

   Übergänge.

3. **Unregelmäßige Muschelblaiken.** Hierher gehören z. B. die durch Auftreten von Fels in einer Flanke einseitig an der Entwicklung gehinderten Muschelanbrüche (Beispiel: Kälbermurgraben im Antholzertal S. 65, Abb. 33).

d) **Einteilung nach der räumlichen Gestalt der Hohlform.**

   a) Schaufelanbrüche (Schüsselanbrüche)
   b) Muldenanbrüche
   c) Trichteranbrüche
   d) Kesselanbrüche

   durch mannigfache Übergänge miteinander verbunden.

8. Jungschuttmassen als Geschiebeherde.

Vorbemerkung.

Die bisher besprochenen Geschiebeherde lagen — mit Ausnahme ihrer Schwesterformen in festem Fels, die gelegentlich miterwähnt wurden — sämtlich im Altschutt. Ihre Gerölle erzeugt unmittelbar Murgänge oder geschiebereiche Hochwässer. Sehr gefährliche Geschiebeherde bildet dann weiter der Jungschutt, welcher einem Gewässer Schutt überantwortet, der eben erst entstanden oder noch in fortgesetzter Vermehrung begriffen ist und daher als „lebendiger" oder als „Jungschutt" bezeichnet werden kann. Seine Massen zeigen meist geringere Mächtigkeit als jene des Altschuttes, werden aber in der Regel immer wieder erneuert oder gar vermehrt. Die Wildbäche, welche solchen Geschiebeherden ihr Frachtgut entnehmen, neigen daher häufig zu aussetzenden und nach gewissen Zwischenräumen wiederkehrenden Ausbrüchen. Sie verfrachten vorwiegend Verwitterungsgebilde, Rasenneubildungen, Lockermassen, welche durch Geländebrüche ins Bachbett geworfen wurden, Lawinengerölle (s. Anm.) usw.; man kann sie als **Jungschuttwildbäche** bezeichnen. Die Ruhepausen, innerhalb deren sich das durch Hochgänge reingefegte Bachrinnsal eines Jungschuttwildwassers wieder mit abfuhrbereitem Schutt füllt, hängen von klimatisch-wetterkundlichen Einflüssen und von der Gesteinsbeschaffenheit des Untergrundes im Sammelgebiete ab; sie schwanken meist zwischen

---

Anm. Vgl. das Schrifttum über Lawinen.

etwa 3 und 35 Jahren; selten sind sie länger, zuweilen aber auch kürzer. Die Jungschuttwildbäche trifft man im Kalkgebirge ganz besonders häufig an, fehlen aber auch im Urgebirge keineswegs, von dessen Wildwässern sie einen bedeutsamen Bruchteil ausmachen.

a) Witterhänge als Geschiebeherde. Reiner Verwitterungsschutt als Geschiebelast.

Oft bilden unmittelbare Verwitterungsgebilde die Geschiebefracht des Gewässers. Das Abtraggebiet liegt dann meist zum größeren Teile, oft auch ganz, in anstehendem, leicht verwitterbarem Felsgestein; die vom Mutterfels abgelösten Bruchstücke gelangen durch Steinschlag, auf dem Rücken von Lawinen oder von Schneefeldern, auf dem Leibe gegen das Bachbett vorrückender Schuttkegel und Schutthalden, mit Regengüssen usw. in das Bachgerinne; hier werden sie vorübergehend abgelagert und treten bei stärkeren Hochgängen die Talfahrt an. Das Auftreten solcher echter Verwitterungsbäche ist besonders an leicht zerstörbare und dabei zu Bruchstücken und Grus zerfallende Felsarten, wie beispielsweise Dolomit, gewisse Kalke und mannigfache kristalline Schiefer geknüpft. Man erinnere sich da nur der zahllosen Runsen und Schluchten, welche z. B. den Ramsaudolomit der Gesäuseberge bei St. Gallen, Gstatterboden, Gesäuseeingang usw. durchfurchen; jede dieser im verwitterten Fels liegenden Rinnen belädt das bei Regengüssen abfließende Hochwasser mit großen Schuttmassen, welche auf dem Schwemmkegel um so stärkere Verheerungen anrichten, je größer ihr brüchiges Einzugsgebiet ist; insbesondere zerstören die von den Eisenbahnfenstern aus bereits leicht zu beobachtenden Schuttströme des Wildbaches von der Reiterbachmauer herab, des Brünnlkarbaches und des Schneiderwartgrabens fast alljährlich die über den Schwemmkegel der Murbäche hinziehenden Verkehrswege. Ganz ähnliche, leichte Zerstörung zeigt der Quetschdolomit des Tales der Fella (Karnische Alpen). Von Tiroler Kalkalpenbächen gehört z. B. der Riegelbach (Lußbachquellbach) bei Leermoos (Nordtirol) zu den echten Verwitterungsbächen, von Schiefergebirgsrinnsalen der Petzelbach und Rotwandbach im Antholz-Tale (Südtirol), der Rechnauerbach bei Sölden (Oetztal) u. a. m. Aber auch widerstandsfähigere Gesteine, wie Granitgneis, Granit, Diorit, Quarzporphyr usw. liefern, wenn auch langsamer und erst in längeren Zeitzwischenräumen, Frachtgut für Wildbäche; so z. B. der Lanerbach und Klammbach im Antholztale, der Rienzbach bei Mühln (Tauferertal) und nicht wenige Wildwässer des Hohen- und Niedertauernhauptkammes. Auch in Hartgesteinen begünstigen Quetschstreifen die Anbruchbildung. Man kann die schuttliefernden Witterhänge geradezu als die Geschiebeherde des Kahlgebirges bezeichnen.

Im allgemeinen liefert jeder Berg, jeder Hang, aus nacktem Fels aufgebaut, Witterschutt; die Gesteinsart bestimmt nur die Menge des jährlich sich ablösenden Schuttes; dabei kommt es weniger darauf an, wie eine Bergart in der wissenschaftlichen Gesteinskunde zu benennen sei, als auf den Zustand, in dem sie die gebirgsbildenden Vorgänge und Krustenbewegungen überdauert hat. Nur gesunde, kaum oder gar nicht zerrüttete Durchbruchgesteine liefern wenig Verwitterungschutt; in Quetschstreifen u. dgl. erliegt jedoch auch das beste Hartgestein rasch dem Gesteinzerfalle. Freilich bestehen zwischen Wirkung des Gebirgsdruckes und Gesteinsart auch Zusammenhänge; Sprödgesteine, wie z. B. gerade der obenerwähnte Dolomit, treffen wir so oft in zerquetschtem Zustande an, daß wir glauben könnten, die rasche Vergrusung sei eine ursprüngliche Eigenschaft des Dolomites. Es ist ferner kein Zufall, daß das Sprichwort „Faul wie Fels" in den Alpen dort entstanden ist, wo gewaltige Faltungs- und Überschiebungsvorgänge die Gesteine stark mitgenommen haben. Das schließt natürlich nicht aus, daß manche Bergarten auch dort leicht verwittern, wo sie ziemlich wenig beansprucht wurden; so viele Gesteine mit schüppchenartig ausgebildeten Hauptgemengsteilen (Serizitschiefer, glimmerreiche Glimmerschiefer, Graphitschiefer, Phyllite usw.) und Bergarten, welche tonreich sind; hierher gehören alle Sandsteine mit tonhältigem oder mergeligem Bindemittel, alle Mergel, Mergelschiefer usw. Von den besonders leicht verwitternden und auch der Einrunsung wenig Widerstand leistenden geologischen Schichtgliedern seien ohne Anspruch auf Vollständigkeit nachstehende hervorgehoben:

Steinkohlenzeitablagerungen in den französischen Alpen (Terrains carbonifères);

Grödnersandstein (Perm), z. B. in den Südalpen;

Bunte Tone und buntscheckige Mergel im Gebiete des Rio grande in Argentinien (Sierra de chani) nach Schmieder[96a];

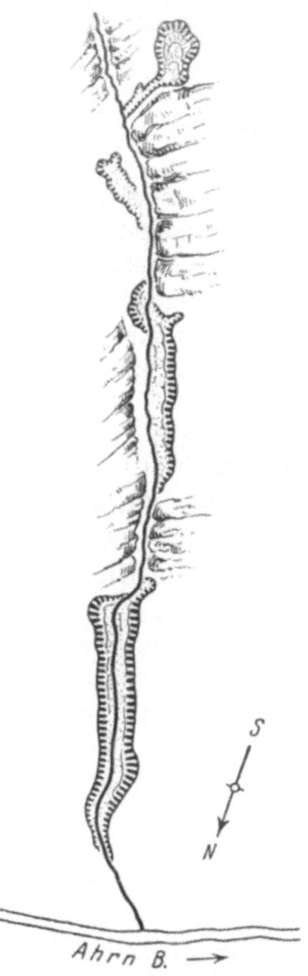

Abb. 39. Lageriß der Anbrüche des „Königgrabens" bei St. Jakob im Ahrntale (Südtirol). Zuoberst gegen die „Hirschmannfelder" zu eine kleine Muschelblaike am rechten und eine größere am linken Ufer; darunter eine Laufstrecke mit einseitigen Uferanbrüchen; unterhalb von Schnellen und kleinen Wasserfällen der „Feilenanbruch" auf dem Schwemmkegel. Der Königgraben gehörte somit vor seiner Verbauung zu den Wildbächen mit gemischten Anbrüchen. Stand 1906.

Buntsandstein (Untertrias), z. B. in Nordtirol (Maukenbach bei Rattenberg);

Haselgebirge und mergelige Ausbildungsarten der Werfener Schichten; Beispiele: Kasgrabenblaike bei Groß-Reifling, Bronsarabach bei Kampill im Enneberger Tale;

Bunte Mergel der Trias der französischen Alpen;

Wengener und Kassianer Schichten der südalpinen Triasausbildung;

Liasfleckenmergel. Beispiele: Östliche Nordalpen, Terres noires der französischen Alpen (bis in den Dogger reichend und gefährliche Wildbäche beherbergend);

Lunzerschichten (Karnische Stufe der Trias), besonders aber die tonreichen Reingrabenerschichten der östlichen Nordalpen;

Gipslager (nach M. Kuss in den Westalpen, z. B. in den Keupermergeln);

Kreidemergel, wie z. B. in den Ostalpen jene der sog. Gosauschichten (felsige Blaiken im Gosautale, Salzkammergut, im Gamsgraben bei Hieflau, Steiermark usw.); in den französischen Alpen sind die Mergel der Aptstufe besonders zerschrundet (nach Champsaur), weiter jene der obersten Kreide vom Turon bis zur dänischen Stufe;

Flyschgesteine. In den Voralpen Österreichs der Einrunsung und Bodenbewegungen stark ausgesetzt (besonders die sog. bunten Schiefer des Eozäns usw.); ähnlich liegen die Verhältnisse in der Schweiz und in Frankreich;

Oligozänschichten. Beherbergen in den französischen Alpen zahlreiche Blaiken (z. B. Le grand ravin de Rayan);

Molasseschichten. Diese leicht zerstörbaren Ablagerungen leiten bereits zu den Lockermassen hinüber, welche hier nicht einzeln nach ihrem Alter angeführt werden, da sie nicht zum „Fels" im engeren Sinne gehören.

Man wird aber den Wert sólcher Angaben über die Verwitterbarkeit von Gesteinen geologischer Altersstufen nicht überschätzen dürfen; sie gelten stets nur für bestimmte, bald größere, bald kleinere Gebiete, innerhalb welcher sich die Ausbildung (Facies) des Schichtgliedes nicht ändert.

Wenn auch alle Felsen ohne Ausnahme Witterschutt liefern, so sieht man im Kahlgebirge doch nicht selten Flächen, welche vermöge ihrer Formausbildung die gesammelte Abfuhr der Witterstoffe begünstigen und daher als hauptsächliche „Felsige Geschiebeherde" (Witterrunsen, Wittermuscheln usw.) angesprochen werden können. Man kann sie nach ihrer Form mit Ausdrücken bezeichnen, die dem Bergwanderer ohnedies geläufig sind, wie z. B. Kamine, Steinschlagrinnen (couloir, canaloni), Schründe, Felsschluchten, Tobel. Im Brausgestein (Kalk und Dolomit) sieht man die im Sonnenlicht blendend weißen bis grauen Steinriesen oder Schuttreisen von den Schutthalden gegen die Zinnen der Berge emporlaufen, und, sich mannigfach verästelnd, in Kaminen enden; im Urgebirge haben die Schuttriesen meist ockrige oder braune, oft düstere Farben und heben sich von ihren Einhängen weniger ab.

Der großartigste, felsige Feilenanriß der Welt ist wohl der Grand Cañon des Koloradoflusses in Nordamerika (vgl. z. B. die Abbildung Taf. 17 bei Russel[93]). Dazu gesellen sich dann noch felsige Uferanbrüche (bezüglich ihrer Verbauung vgl. S. 104), Blattanbrüche (mancher „Plattenschuß" ist durch einen Blattbruch entstanden), Muschelausrisse (vgl. Abb. 35 bei a, ferner Abb. 40) usw. Greifen sie tiefer, dann entsprechen sie den Frane di disgregamento o di crollo der italienischen Schriftsteller (Beispiel: Der Ausriß in den zerquetschten Gneisen von Bard im Val d'Aosta, entstanden Dezember 1912 und April 1913 erweitert). Gut ausgebildete, felsige Muschelausrisse bildet M. Gortani[73] ab (Abb. 2, S. 349 im Dolomit bei „Stazione per la Carnia", Abb. 10, S. 364 des „Rio da Lavarate", Abb. 21, S. 383 des R. di Boze im Kalk und Dolomit, Abb. 29, S. 390 des „Lis Ruvis atis" zwischen Venzone und Gemona).

Oft schaden die Muschelblaiken im Bruchfels auch unmittelbar selbst, ohne daß sie sich des Wassers als Hilfsmittel bedienen; ihr erster „Ausbruch" (Abbruch), später dann der abgehende Steinschlag zerstört Siedlungen, verschüttet Verkehrswege, vernichtet bebautes Land.

Die Verbauung derartiger felsiger Muschelblaiken ist meist eine sehr undankbare Aufgabe; immer kostet sie erhebliche, selten als wirtschaftlich zu bezeichnende Geldopfer. Die baulichen Mittel — wenn solche überhaupt ausführbar

Abb. 40. Muschlige Anbrüche in mürben Kalkphylliten mit Marmorbändern usw.; Aigerbach im Pfitschertale, Südtirol. Der angesammelte Bröckelschutt erzeugt von Zeit zu Zeit kleine Murgänge.

sind — gleichen völlig jenen, welche bereits bei den felsigen Uferanbrüchen aufgezählt wurden; Abräumung aller lose gewordenen Trümmer und der Verwitterungsschwarte, Untermauerung besonders absturzgefährlicher Teile der Bruchwand, Ausfugung der größeren Klüfte und bei Gesteinen mit tonfreien Rissen und Spalten auch die Einspritzung von Zementmilch unter hohem Druck in eigens zu diesem Zwecke hergestellte tiefe Bohrlöcher.

Weit undankbarer als in Lockermassen gestaltet sich auch die Unschädlichmachung von Uferanbrüchen im Bröckelfels, obwohl derartige felsige Geschiebeherde der Masse nach weit weniger Schutt liefern. Zeigt die überschlägige Rechnung, daß die Verbauung solcher felsiger Uferanbrüche überhaupt wirtschaftlich ist, dann empfehlen sich im allgemeinen geschiebezurückhaltende Querwerke im Hauptgerinne; daneben kommen noch Schutzmauern am bedrohten Hangfuße in Betracht. In der Bröckellehne selbst räumt man meist den lose auflagernden Witterschutt und die faulen Gesteinschalen ab, um wenigstens eine Zeitlang Ruhe zu schaffen. Sind die bedrohten Gegenstände sehr wertvoll oder wichtig, dann schreitet man oft daran, abbruchgefährliche Kanzeln, überhängende Wände u. dgl. abzuschießen oder sie zu untermauern, klaffende Fugen im Fels mit Beton auszufüllen und besonders klüftige Felskörper durch Einspritzen von Zementmilch unter mittelhohem Druck zu künstlichen Breschen zu verkitten; diese Bindung zerhackten Geschröffes tritt aber nur dann ein, wenn die Gesteinschnitte und Klüfte offen sind und keine lehmigen Bestege oder Tonhäutchen tragen. Im großen und ganzen muß man jedoch feststellen, daß die Beruhigung steinschlägiger, felsiger Uferanbrüche teuer zu stehen kommt und meist nur dann von durchschlagendem Erfolg gekrönt wird, wenn sehr hohe Geldmittel hierfür zur Verfügung stehen.

Die in brüchigen Fels eingeschnittenen Runsen und felsigen Muschelausrisse können, ausgreifend, auch einander berühren, und, wenn sie größere Flächen zusammenhängend bedecken, den Eindruck felsigen „Böslandes" hervorrufen; weite Gebiete der Hochgebirge sind solches felsiges, nachbrüchiges Bösland.

Aber auch Vollformen, wie Türmchen, Pfeiler u. dgl. liefern Witterschutt; am ausgiebigsten wohl in der Form eines Abgleitens und Zusammenbrechens der Hohlform, wie es z. B. E. Richter aus Südtirol geschildert hat.

Die Verwitterung der felsigen Einhänge und Zinnen des Gebirges ist eben ein geologischer Vorgang, dem man mit baulichen Mitteln manchmal nur schwer beikommen kann. Hier versagt oft die sonst altbewährte Regel, die Quelle des Übels zu verstopfen, und man muß sich häufig damit bescheiden, den Verwitterungschutt zurückzuhalten zu versuchen, bevor er den Talboden erreicht und Schaden angerichtet hat. Man wird zu diesem Behufe unterhalb von sanft verlaufenden und tunlichst breitsohligen Bachstrecken an Punkten, wo das Bachbett sich verengt und in Sohle und Flanken Gründung und Einbindung in Fels erlaubt, größere Stausperren einbauen, deren Verlandungsraum zur Zurückhaltung des Schuttes für einen nicht zu kleinen Zeitraum genügt; es empfiehlt sich, solche Werke nicht sofort auf volle Höhe auszubauen, sondern nach Maßgabe der erfolgenden Verlandungen stufenweise zu erhöhen. Wo geeignete

Bauplätze für größere Stauwerke fehlen, kann man durch Einbau entsprechend zahlreicher, kleinerer Sperren zuweilen bis zu gewissem Grade Ersatz schaffen; insbesondere lassen sich auf diese Weise manchmal die Schuttmassen lebendiger Schutthalden und -kegel mehr minder lang andauernd binden. Manchmal gestatten die Verhältnisse auf dem Schwemmkegel, hier einen Geschiebeablagerungsplatz zu schaffen, der für einige Zeit ausreicht. Die Wirkung der Werke, welche man zur reinen Zurückhaltung des Geschiebes errichtet hat, darf man nicht nach dem Staurauminhalte allein beurteilen. Das hier zur Ruhe gelangte, schwerere, vielleicht ohnedies nicht mehr völlig gesunde Blockwerk wird im Verlandungsraume durch den Spaltenfrost, den Geschiebetrieb usw., allmählich zerkleinert und meist unschädlich wieder fortgeführt; es schafft so Raum für nachrückende Massen. Austauschend wirken auch alle Hochgänge; sie schwemmen weniger grobes Geschiebe fort und lassen dafür schweres Geröll liegen.

Daß die Punkte für die Errichtung von Geschiebestausperren ganz besonders sorgfältig ausgewählt werden müssen, braucht nicht besonders betont zu werden. Je höher man das Stauwerk plant, eines um so sicheren Baugrundes bedarf es. Es lohnt sich da stets eine sorgfältige lageplanmäßige geodätische und geologische Aufnahme der in Betracht kommenden Bachstrecke zu machen; nur auf einem Höhenschichtenplane oder noch besser auf einem Hochbilde (Relief) des Geländes mit geologischen Eintragungen vermag man die Sperre so in das Gelände zu stellen, daß sie mit den geringsten Baukosten standsicher und wirkungskräftig ausgeführt werden kann. Zuweilen wird man der Standsicherheit des Werkes Teilbeträge des St32auminhaltes opfern müssen.

Treten Lawinen in stärkerem Ausmaße als Geschiebezubringer auf, dann muß die Verbauung des Lawinenstriches ins Auge gefaßt werden.

Sind die abwitternden brüchigen Flächen nicht zu groß, dann nützen oft die bereits wiederholt (S. 103 und S. 104 erwähnten Abräumungen der Witterschalen, das Ausfüllen von offenen Klüften mit Beton, das Untermauern von Vorsprüngen, die Einspritzung von Zementmilch usw. Großzügige, derartige Arbeiten sind mit einem Kostenaufwande von rund 200000 Fr. mit gutem Erfolge in der „Combe de Péguère" (3 ha Fläche) ausgeführt worden, deren Steinschläge die Heißquellenbäder „de la Raillère", „de Manhourat" und „de Saint Saveur" bei Cauterets (Pyrenäen) bedrohten; die brüchige zerschrundete Felslehne besteht aus stark zerhacktem Granit; zur Sicherung des Erfolges wurden 92 ha Kahlfläche mit Bergkiefer, Lärche und Zirbe aufgeforstet (E. Loze [44]; M. de Gorsse [72]).

In vielen Fällen darf aber das Hauptgewicht nicht auf die Ausführung baulicher Maßnahmen gelegt werden, sondern muß den Wiederbegrünungsmaßnahmen zuerkannt werden. Eines der besten Mittel, den Gang der Verwitterung zu verlangsamen und die Talfahrt der gebildeten Schuttbrocken zu verhindern, bietet der dichte, hochwüchsige Wald. Gelingt wegen der Steilheit der Einhänge oder der hohen Lage über der Baumgrenze die Aufforstung des Geschiebeherdes selbst nicht, so muß man wenigstens trachten, den Steinschlägen möglichst knapp unterhalb der Entstehungsstätte des Verwitterungsschuttes eine lückenlose Mauer aus kräftigen, lebenden Baumstämmen entgegenzustellen. Wo bereits Wald steht, muß er erhalten werden; schüttere oder räumliche Bestände bringt man in tunlichst dichten Schluß. Laubhölzer schützen besser als Nadelhölzer, weil sie widerstandsfähiger sind, Wunden leichter ausheilen und sich durch Stocklohden oder Wurzelausschlag leicht von selbst verjüngen. Der Abtrieb solcher Schutz- oder Bannwälder darf nur im Plenterhiebe erfolgen; Kahlschlag, auch in kleineren Streifen, hat unbedingt zu unterbleiben; die Strünke sollen mindestens 60—100 cm hoch belassen und mit Abfallhölzern, Wipfelstücken, Ästen usw. hinterlegt werden. Handelt es sich um Aufforstungen kahler Lehnen, so wird es oft zu ihrem Gelingen nötig, daß sie unter dem Schutze vorübergehender baulicher Maßnahmen, wie Verpfählungen, Holzzäunen oder auch von Trockenmauern usw. ausgeführt werden; manchesmal ist die Einbringung von Humuserde in Felsritzen usw. nötig, um die Begrünung überhaupt zu ermöglichen.

Im allgemeinen gehört die Unschädlichmachung von Verwitterungswildbächen zu den kostspieligeren und undankbareren Aufgaben des Wildbachverbauers; zuweilen besteht keine Aussicht, einen solchen Bachlauf mit einem im Verhältnis zu den Schäden stehenden Kostenaufwande zu verbauen.

b) Rasenabschälungen als Geschiebeherde.

Weit harmloser als jene der Witterfelsen sind in der Regel die Geschiebeherde der sog. Rasenschälbäche. Die meist dünnen Wasserfäden dieser Gruppe schießen in einer nicht sehr breiten, wenig eingetieften Mulde größtenteils über felsige Hänge oder über grobes Blockwerk hinab; außerordentliche Bachhochgänge schürfen das Rasenkleid der Felsufer ab und schleppen es zu einem Murgange zusammen. In Zeiten der Ruhe lagern sich dann im Bachbette wieder einzelne Gerölle ab; die Pflanzendecke dringt Schritt für Schritt gegen die Bachmitte vor und bindet dabei die Verwitterungsgebilde des Felsens und die ab und zu von oben kommenden Geschiebe. Der Mensch vergrößert die Verwilderung durch Einwurf von Ästen, Abfallholz usw.; wenn dann die Rasenhülle und der Baumwuchs soweit vorgedrungen sind, daß für den Bach nur mehr eine schmale Furche freibleibt, dann ist der Murbach wieder reif für den Abgang einer neuerlichen Schuttwalze; wie leicht begreiflich, dauern bei dieser Wildbachart die Ruhepausen oft sehr lange und nähern sich der weiter vorn angegebenen Grenze von 35 Jahren oder übersteigen sie

sogar; während dieser Zeit täuschen sie Gießbäche vor (unstetige Rasenabschälung, ruckweise Rasenabschälung).

Von den Wildbächen des Zillertales fallen der Helfensteinerbach, der
Steinbach, der Martereckbach und die Dristallmure in diese Gruppe, welcher
also durchwegs kleinere Bäche angehören. Durch Reinhaltung der Gerinne, ständige Offenhaltung des für Hochwässer erforderlichen Durchfluß-
querschnittes und ähnliche pflegliche Maßnahmen kann ihren Ausbrüchen
leicht und ohne besondere Kosten vorgebeugt werden, so daß eigentliche
Verbauungsarbeiten meist unnötig sind.

In anderen Fällen drängt die Stirn von bewachsenem Wanderschutt
gegen den Bachlauf vor, das Gerinne einengend; der nächste Hochgang
schafft sich dann wieder freie Bahn. Auch auf diese Weise wird die
Geschiebeführung des Wasserlaufes vergrößert. Derartige Rasenabschä-
lungen trifft man auch noch im Hügellande, besonders in leichtbeweg-
lichen Lockermassen.

K. Sapper [94] erzählt von Gerinnen, welche den vom Schuttwandern („Kriechen“) vorgetragenen Rasen immer wieder unterhöhlen
und mitreißen; die Wasserläufe haben mit der Offenhaltung des Bettes
genug zu tun; ihr Seitenschurf hält dem Nachdrängen des berasten
Schuttes gerade die Wage („Rasenabschälung“). Handelt es sich um
die Unschädlichmachung einer derartigen, ständig andauernden, also
gewissermaßen „stetigen Rasenabschälung“, dann wird es sich empfehlen, vor allem dem Vordrängen des Wanderrasens gegen das Gerinne
durch geeignete Maßnahmen Halt zu gebieten (so z. B. durch Entwässerung, unter Umständen durch Aufforstung usw.); eine Versicherung des
Bachbettes hätte, wenn überhaupt, erst in zweiter Linie zu erfolgen.

c) Selbständige Geländeanbrüche als Geschiebeherde.

Gerinne, in welchen selbständige Geländeanbrüche die Hauptmenge
des Geschiebes liefern, werden Geländeanbruch-Wildbäche oder
auch kurz Geländebruchbäche genannt. Ihre Geschiebeherde bilden, wie schon die Bezeichnung andeutet, Geländebrüche, die außerhalb
der Rinnsale liegen und mit dem die Fläche entwässernden Bache in
keinem unmittelbaren Zusammenhange stehen. Aus kleineren, bei
stärkeren Regengüssen auf den Hängen scheinbar planlos entstehenden,
nach Jahren wieder verheilenden und bei Eintritt günstiger Bedingungen
in der Nachbarschaft neu wieder auftauchenden (S. 71), kleinen Erd-
absitzungen, namentlich Platt- und Löffelanbrüchen, sowie kleineren
Muschelausrissen kollert, gleitet und stürzt ihr Schutt nach der Linie des
stärksten Gefälles in das nächstliegende Gerinne; hier wird er eine leichte
Beute des hochgehenden Wasserlaufes, der ihn als eben entstandenen
Jungschutt zu Tal wälzt; vereinigen sich zahlreiche solche Bruchmassen

in einem Hauptgerinne, dann können sehr geschiebereiche Hochwässer, ja sogar Murgänge entstehen. Diese unstet wandernden Brüche darf man mit jenen nicht verwechseln, welche unmittelbar im oder am Wasserlaufe oder in einer Hangfurche entstehen, mit einem Bache in ständiger Verbindung bleiben und nicht von ihm durch mehr minder breite Rasenstreifen getrennt sind; die an den Wasserlauf und seine Seitengräben selbst geknüpften Feilen-, Keil- und Uferanbrüche sowie Muschelanbrüche mit anschließenden deutlichem Rinnsal wurden bereits in den vorigen Abschnitten behandelt, da sie zum Geäder des eigentlichen Bachgerinnes gehören. Hinsichtlich der Dammanbrüche sind Zweifel höchstens insofern berechtigt, als sie zwar zweifellos unter allen Umständen in einer Wasserfurche liegen, aber manchmal auch aus Schutt bestehen, den man geneigt wäre, dem sich immer noch weiter bildenden Jungschutte zuzurechnen. In diesem Sinne bilden die Dammanbrüche zuweilen eine Art Übergangsglied, welches von den Hohlformen des Altschuttes zu jenen im Jungschutte hinüberleiten kann.

Es wäre nutzlos, bei der Verbauung solcher Geländebruchwildbäche der Begrünung der augenblicklichen Geschiebeherde allein das Augenmerk zuzuwenden, da beim nächsten außerordentlichen Unwetter neue Ausbrüche an nicht vorauszusehenden Stellen entstehen könnten; es wäre aber auch verfehlt, sich auf die Ausführung einiger kleiner Schuttstauwerke an geeigneten Punkten des Hauptrinnsales zu beschränken, da die geschaffenen Verlandungsräume tunlichst für zukünftige neue Rutschungen aufnahmefähig erhalten werden müssen und andererseits schon Fälle vorgekommen sind, in denen aus unscheinbaren Muschelbrüchen sich ganz gewaltige Ausrisse entwickelt haben; man wird daher sowohl auf die zukünftige Geschiebezurückhaltung, als auch auf die Wiederbegrünung der kahlen Bruchflächen hinzuwirken haben. Unter Umständen kann Aufforstung mit geschlossenem, gut bewurzeltem Niederwalde zur Festigung der zu Abbrüchen neigenden Lehnen beitragen. Ein Beispiel eines Geländebruchwildbaches bietet der äußere Hopffeldergraben im Zillertale (Nordtirol). Ein weiteres ist die Trockenrunse, welche vom Hochhorn (2703 m, Antholztal, Südtirol) her in die Lärchrinne einmündet. Das den größten Teil des Jahres über trocken daliegende Gerinne liegt in einer flachen Mulde des sehr steilen Hanges. In ihn sind mehr als ein Dutzend bald schmälere, bald breitere, muschelige Ausrisse eingesenkt. Sie greifen nicht sehr tief in den Boden („Schaufelblaiken") und vernarben in hochgewitterärmeren Zeitläuften allmählich wieder; an ihrer Stelle treten in der Nachbarschaft wieder andere auf („Wanderanbrüche"). Die Blaiken stehen mit dem Trockenbette in keiner ständigen Verbindung; einige wenige von ihnen haben bei ihrer Bildung nur eine ganz kurze Bahn entwickelt und den bewegten Schutt unterhalb ihrer Hohlform gleich wieder abgelagert; die meisten Brüche aber entleeren ihre

Muschel über eine steile Sturzbahn in die Trockenrinne; von ihnen zieht ein heller, durch einzelne unverletzt gebliebene Rasenschollen dunkel gefleckter Streifen zum Grunde der Ausrisse hinauf; die abkollernden und abrutschenden Massen haben die Rasendecke durchlöchert und stellenweise ausgepflügt; so hebt sich die Sturzbahn deutlich von den sie umgebenden grünen Matten ab. Das im Rinnsale mit der Zeit sich ansammelnde Schuttwerk tritt gelegentlich von Hochgewittern, bei denen sich auf dem Hange meist auch wieder neue „Brüche" bilden, als Geländebruchmure die Talfahrt an.

d) Sammelschutt (Stapelschutt) als Geschiebeherd.

Auch „Zwischenlager" von Schutt entwickeln sich oft zu Geschiebeherden; die Bäche und Flüsse, deren Schuttfracht sie speisen, nennt man Schuttsammler. Es sind Wildwässer, welche echte Verwitterungsgebilde und Altschuttmassen nicht oder nur im untergeordneten Maße führen und ihr Geschiebe jenen Schotterwalzen entnehmen, welche gelegentlich von kleineren Hochwässern und geringfügigen Murschüben ein Stück weit zu Tal geschwemmt werden, aber noch im Sammelgebiete oder in der Klamm vorübergehend zur Ablagerung gelangen; auch abgehende Lawinen tragen oft ihr Scherflein zur Anhäufung von Trümmerwerk, Erdreich, Rasenstücken und Geäste bei; auf solchen Geschiebestapelplätzen, deren Lage wohl stets durch die Sohlenentwicklung des Baches vorgezeichnet wird, kommen die Schuttfrachten immer wieder zur vorübergehenden Ruhe; von Zeit zu Zeit aber werden die Ablagerungsräume durch besonders heftige Hochwasser geleert und entsenden Schuttströme ins Tal, zu denen sich auf den Einhängen des Sammelgebietes gleichwertige Anbrüche oder Verwitterungsherde nicht finden lassen. Derartige Schuttsammelbäche, zu denen beispielsweise auch der Riederbach in der Gerlos (Zillertal) gehört, können oft nur durch Anlage von geeigneten Stauräumen von entsprechendem Inhalte verbaut werden. Ihre Schädlichkeit erreicht meist keine bedeutende Größe, weil es sich in der Regel doch nur um kleinere Geschiebemengen handelt, welche überdies nur in längeren Zeitzwischenräumen abgehen.

Nur dort, wo eigentliche Altschuttherde in einigem Ausmaße sich im Sammelgebiete auffinden lassen, wird man an ihre Verbauung und Begrünung schreiten und solcherarts die Geschiebeführung des Wildbaches wesentlich herabsetzen können.

Zuweilen gehören auch größere Bäche und Flüsse zu den Schuttsammlern oder ihren Übergangsformen. So z. B. der Kapellengraben (westlicher Quellarm des Lobminggrabens bei St. Stefan ob Leoben, Steiermark). Die zahlreichen Blattblaiken und sonstigen kleineren Anbrüche auf den steilen, nördlichen Abdachungen der Gleinalpe liefern

Schutt in seine Quelläste; hier häuft er sich an, wird aber in kürzeren Zeitzwischenräumen wieder in Bewegung gesetzt und in der Laufstrecke unterhalb der Grabenvereinigung bis herab zu seiner Vereinigung mit dem Zeltweggraben (Weitental) noch einmal vorübergehend aufgestapelt; das Bachbett ist in dieser Strecke außerordentlich stark verwildert und bedroht den für die Holzbringung wichtigen Waldweg. In längeren Zeitzwischenräumen ereignen sich Hochgänge, welche größere Mengen des Stapelschuttes bis zum Aufnehmer, dem Murflusse, herabstoßen, wobei sie da und dort Schäden anrichten; in der Zwischenzeit ergreift der bei kleineren Hochgängen eintretende Geschiebetrieb nur das leichtere, weniger schädliche Geschiebe.

Der Irrschutt erfordert sorgfältige Überwachung. Erlauben die Gefällverhältnisse und die Beschaffenheit der Ufer die Anlage von Stauwerken nicht, dann muß der Stapelschutt auf andere Weise unschädlich gemacht werden. Dreierlei Wege können zum Ziele führen; ihre Wahl bestimmen die von Bach zu Bach verschiedenen örtlichen Verhältnisse.

Wo die Stoßkraft des Gewässers und die Vorflutverhältnisse es gestatten, kann man die allmähliche Abfuhr der Wanderwalzen durch verschiedene Mittel befördern. Man wird die größeren Blöcke, die sich festgesetzt haben und vom Wasser schwer weitergestoßen werden können, sprengen oder an die Ufer ausziehen; sie liefern willkommenen Belag zum Schutze lockerer Böschungsfüße. Ebenso wird man festgerannte Baumstämme, Wurzelstöcke, Astmassen usw. beseitigen; auch sie tragen zur Erschwernis der Abfuhr der Geschiebestapel bei. Solche Maßnahmen lockern die Ablagerungen auf. Leitet man außerdem die zersplitterten Arme des Wasserlaufes tunlichst in die Bettmitte zusammen, so stärkt man die Stoßkraft des Wassers ebenso, wie man durch die früher angeführten Maßnahmen die Widerstände des Bachbettes geschwächt hat. Bei richtiger Durchführung solcher billiger und einfacher Arbeiten wird das Gewässer entstandene Geschiebezwischenlager wieder abtriften; man erschwert zugleich auch die Ablagerung neuen Sammelschuttes; es ist aber nötig, den Bach ständig im Auge zu behalten und die Flottmachungs- und Räumungsarbeiten rechtzeitig so oft zu wiederholen als dies nötig ist.

Die zweite Möglichkeit, unwillkommene Geschiebeanhäufungen unschädlich zu machen, ist ihre Befestigung durch Querwerke; ihre Bauweise (Holz, Stein, Beton usw.), ihre Ausmaße und Verteilung richtet sich nach dem Gefälle der Ablagerungen und ihrer Menge. Meist reichen niedrige und einfache Querbauten aus.

Ein dritter Weg, Geschiebebänke flottzumachen, wurde weiter oben angedeutet. Gelingt es, die Quellen der Bildung von Sammelschutt zu verstopfen, dann kann die eintretende reinere Wasserführung in der Regel jene Stoßkraft entfalten, welche zur allmählichen Abtriftung der Geschiebewalzen erforderlich ist.

Genau genommen gehören zum Zwischenstapelschutt auch Geschiebemassen, welche Seitengerinne ihrem Aufnehmer zuführen; sie bedeuten für ihn, wie auf S. 5 ff. gezeigt wurde, „Jungschutt". Dort, wo dieser seinen Vorfluter ungünstig beeinflußt, macht man ihn am besten durch Verbauung der Geschiebeherde im Seitengraben unschädlich. Teilregelungen an den Einmündungsstellen bringen nur selten den erhofften Erfolg.

9. Rückblick.

Die Verbauung der Anbrüche und Rutschungen bildet den wichtigsten Abschnitt der sog. Lehnenverbauung, einem Sondergebiete des Wasserbaues, das in manchen Ländern vielleicht noch zu wenig gepflegt wird und noch unvollkommen ausgebaut ist. Die Grundlagen der Verbauung der Geschiebeherde sind zweierlei Art: naturwissenschaftlich-geologischer und technischer bodenwirtschaftlicher Natur. Nur wer mit landformenkundlich-geologisch geschultem Auge abwägend und prüfend die Vorgänge auf den Steillehnen der Berge und an den Ufern der Flüsse betrachtet, wird auch auf technischem Gebiete sein Bestes leisten können; die Verbauung der Geschiebeherde darf eines naturwissenschaftlichen Grundgedankens nicht entbehren. Eine wichtige Stütze bietet dem Ingenieur dabei die richtige Einteilung der Vorgänge und Erscheinungen der Natur; die Benennung der Einteilungsglieder erleichtert dabei die gegenseitige Verständigung. Es sei mir darum gestattet, am Schlusse des vorstehenden Aufsatzes den Versuch einer Einteilung der Wildwässer zu wiederholen, den ich in meiner „Technischen Geologie", S. 768 und 769, unternommen habe.

Versuch einer Einteilung der Wildwässer.

1. Jungschuttwildwässer, und zwar:

a) echte Verwitterungsbäche (Witterschuttbäche),

b) Schuttsammelbäche (Schuttstapler, Schuttsammler, Schuttsammelflüsse),

c) Rasenschälbäche,

d) Geländebruchbäche.

2. Altschuttwildwässer:

a) mit vorherrschenden Uferanbrüchen (Uferanbruchbäche, Uferanbruchflüsse, Abb. 38),

b) mit vorherrschenden Muschelanbrüchen (Muschelanbruchbäche),

c) mit Feilenbrüchen (Feilenblaikenbrüche),

d) mit Dammanbrüchen (Dammblaikengewässer, -Bäche, -Flüsse),

e) mit gemischten Brüchen.

Unter den Altschuttwildbächen mit gemischten Brüchen faßt man eine Gruppe von Wildwässern zusammen, in derem Einzugsgebiete Muschelbrüche, Feilen- und Uferanbrüche miteinander abwechseln und vereinigt sind; namentlich erscheinen in solchen Wildbächen die Feilenbrüche durch Uferbrüche vielfach und ausgiebig ausgezackt und ausgebuchtet; in der Schluchtstrecke herrschen die echten Uferanbrüche meist vor. In diese Gruppe fallen viele der größten und gefährlichsten Wildbäche; die Möglichkeit, daß verschiedenartige Anbrüche auftreten, wächst im allgemeinen mit der Größe und Verzweigtheit des Sammelgebietes. Als Beispiele für solche Altschuttwildbäche mit gemischten Brüchen können aus ihrer überaus großen Zahl hervorgehoben werden: Der Königgraben bei St. Jakob im Ahrntale (Abb. 39, Südtirol), der Ederbach bei Oetz (Nordtirol), der Triebenbach bei Trieben, Paltental, Steiermark (gewaltiger Feilenanbruch, mit Uferanbrüchen verknüpft), die Chiavona bei Roncegno (Brentatal), der Gödnacher Bach östlich von Lienz (Drautal), der Kammerschlösslbach (Kochalmbach) bei Kammern (Liesingtal, Steiermark), der Aigerbach im Pfitschtale (Südtirol), der Gantschenbach bei Nikolsdorf (Drautal), der Spreitenbach bei Lachen am Züricher See (im Stollenholzgraben z. B. Feilenanbrüche und Uferblaiken), die „kleine Schliere" bei Alpnach (an der Aa; Feilenblaiken, Uferanbrüche, Muschelbrüche usw.), der Wildbach von Sanières im Ubaye-Gebiet (Feilen- und Uferanbrüche) nach Demontzey[6].

Zu den Dammanbruchgewässern gehören auch einige Bachläufe mit ganz besonderen Verhältnissen. So hat z. B. der sonst völlig harmlose innere Hopffeldergraben bei Hart im Zillertale im Jahre 1908 nur deshalb eine größere Geschiebelast zu Tal gewälzt, weil zahlreiche gefällte und im Bachbette vorübergehend aufgestapelte Klötze und Baumstämme das von oben kommende, nicht sehr geschiebereiche Wasser durch nahezu drei Stunden hindurch aufstauten; der dann folgende Durchbruch der Verklausung erzeugte den verheerenden Murgang vom 29. Juli 1908. Auf ähnliche Weise hat auch der Einbruch von Schneebrücken in den Lawinenstrichen des Ederbaches bei Oetz oder die Verwilderung von Gerinnen durch Abfälle bei der Holzschlägerung wiederholt den Abgang geschiebereicher Hochwässer oder gar von Muren verursacht. Seltener werden solche Ereignisse von jungen Bergstürzen herbeigeführt, wenn sie den Lauf eines Gewässers hemmen, oder zu einem See aufstauen oder wenn der Fuß ihrer Ablagerungen vom Bache unterspült wird. Dann gehen zuweilen bei hellem Sonnenschein mächtige Geschiebewalzen ab.

Ihre Verbauung gestaltet sich nicht bloß aus dem Grunde verwickelter, weil es sich meist um sehr geschiebereiche Wildbäche mit ausgedehntem und von zahllosen Geländebruchflächen zerrissenem Einzugsgebiet handelt, sondern auch deshalb, weil die Bauweise in strenger Anpassung an

die örtlich vorliegende Art des Geschiebeherdes im ganzen Bachlaufe oft
geändert werden muß; nirgends rächt sich eine schimmelmäßige Verbauung eines Wildbachgebietes so leicht und so sicher, wie gerade im
vorliegenden Falle von Wildwässern mit gemischten Anbrüchen.

3. Gemischte Wildwässer.

a) mit Jungschutt als Murerreger (Sautenser Mure, Lähngraben bei
Ehrwald),

b) mit Altschutt als Murerreger (Gmünderbach in der Gerlos, Zillertal).

c) Jungschutt und Altschutt in schwer trennbarer Weise an der Geschiebeführung beteiligt.

Bei den sog. gemischten Wildbächen tragen Jung- und Altschutt in
ungefähr gleichem Ausmaße zur Geschiebeführung bei. Beispiele hierfür
liefern der Haslen-Dorfbach (Kanton Glarus, Schweiz), die Sautenser
Mure, der Lähngraben bei Ehrwald, der Gmünderbach in der Gerlos u. a. m.
Bunt gemischten Schutt führte auch der Steinbach bei Herzogs-
vogl (Schweiz) (Salis [18]) aus Feilenblaiken, Uferanbrüchen und bett-
fremden Muschelbrüchen, Löffelblaiken usw. ab. Der Entstehung des
Geschiebes aus Jung- und Altschuttablagerungen entsprechend werden
sich auch die Verbauungsmaßnahmen aus Arbeiten zusammensetzen,
welche örtlich die Festhaltung des Verwitterungs- und anderen Mur-
schuttes durch Wiederbegrünung und Stauwerke bezwecken und andern-
orts wiederum auf den Schutz von Sohle und Ufern des Wasserlaufes
durch Befestigungsbauten hinarbeiten.

4. Besondere Wildwässer.

Unter dem Sammelnamen „besondere Wildbäche" ließen sich alle Wildwässer zusammenfassen, welche ihr Geschiebe auf andere Weise erzeugen
als die Jung-, Altschutt- und gemischten Bäche.

Zu ihnen zählen z. B. in Feuerberggebieten die sog. Aschenmuren. Ihr
Einzugsgebiet bilden vorwiegend Feilenbrüche in den lockeren Feuer-
bergauswurflingen; man kann sie daher auch, wenn man will, als besondere Ausbildung der Gewässer mit Feilenanbrüchen ansprechen (2c).

Nachwort.

Damit wären in großen Zügen einige Winke gegeben, wie die geologischen Verhältnisse eines Gewässers, deren Spiegelbild die Ausbildung
der Geschiebeherde ist, einen Fingerzeig für die Wahl der Regelungs-
und Verbauungsweise bieten können. Nicht berücksichtigt wurden hierbei
alle baulichen Maßnahmen, welche bloß auf Gewährung eines örtlichen
Schutzes z. B. von Liegenschaften auf dem Schwemmkegel, abzielen, weil
auf ihre Ausführung hauptsächlich technische und wirtschaftliche Erwä-
gungen und nur mehr nebensächlich solche geologischer Art Einfluß zu

nehmen pflegen. Überhaupt wurden die Arbeiten zur Regelung des Laufes auf dem Schwemmkegel nur insoweit berührt, als Keilanbrüche, Feilenanbrüche usw. tiefere Furchen in den Leib dieser Lockermassenanhäufungen geschlagen haben.

Auch auf die Bausteinfrage konnte nicht näher eingegangen werden; sie betrifft ja alle Ingenieurbauten und ist keineswegs auf die Verbauung der Geschiebeherde beschränkt; wer sich aber darüber näher zu unterrichten wünscht, findet in meinem Büchlein „Die Anlage von Steinbrüchen und Baustoffgruben" erschöpfende Auskunft. (Wien 1930, in Vertrieb bei J. Springer, Wien 1, Schottengasse 4.)

Schriftenverzeichnis.

Bei dem gewaltigen Umfange des einschlägigen Schrifttums konnte Lückenlosigkeit von vornherein nicht einmal angestrebt werden; die wenigen verzeichneten Schriften, die mir aus irgendeinem Grunde erwähnenswert schienen, bringen übrigens ohnedies weitere Hinweise.

1. Schriften über Verbauung von Wildwässern.

(*1*) Albisetti: La sistemazione dei torrenti. Festschrift zum 50jährigen Bestehen der eidgenössischen Inspektion für Forstwesen, Jagd und Fischerei 1876 bis 1926.

(*2*) Breitenlohner, Jakob: Wie Murbrüche entstehen, was sie anrichten, wie man sie bändigt. Wien 1883.

(*3*) Champsaur, M.: Les terrains et les paysages torrentiels (Basses-Alpes) (Restauration et conservation des terrains en montagne). Paris 1900. — (*4*) Costa de Bastelica: Les torrents, leurs lois et leurs effets. Paris 1874. — (*5*) Culmann: Bericht an den schweizerischen Bundesrat über die Untersuchung der schweizerischen Wildbäche, vorgenommen in den Jahren 1858, 1859, 1860 und 1863. Zürich 1864. (Italienische Übersetzung: Torrenti montani della Svizzera. Mit 15 Taf. Lugano 1866.)

(*6*) Demontzey Prosper: Traité pratique du reboisement et du gazonnement des montagnes. Paris 1878. (Deutsche Übersetzung von A. v. Seckendorff. Wien 1880.)

(*7*) Gayffier, Eugène: Reboisement et gazonnement des montagnes. Paris 1877. — (*8*) Gras Scipion: Etudes sur les torrents des Hautes-Alpes. Ann. Ponts Chaussées. Paris 1857.

(*9*) Härtel, O.: Die Wildbach- und Lawinenverbauung. Handbuch der Forstwissenschaft 2, 323—358 m. 53 Abb. Tübingen: H. Laupp 1925.

(*10*) Kempf, Camillo: Die geologischen Grundlagen für die Technik der Wildbachverbauung. Fachl. Verbandz. d. Ing. d. Wildbachverbauung Österr. **1928**, H. 8 m. zahlr. Abb. — (*11*) Kreuter, Fr.: Verbauung der Wildbäche. Handbuch der Ingenieurwissenschaften 3, 2. Abt., 1. Hälfte. Leipzig 1899. — (*12*) Kreuter, Franz: Die Weißlahn bei Brixen. Z. österr. Ing.- u. Archit.-Ver. **1899**, H. 35. — (*13*) Kuß, M.: Les torrents glaciaires (Restauration et conservation des terrains en montagne). 88 S. m. 7 Taf. Paris 1900.

(*14*) Landolt, Elias: Die Bäche, Schneelawinen und Steinschläge. 140 S. m. 19 Steindrucktaf. Zürich 1886. — (*15*) Lehmann, P.: Die Wildbäche der Alpen. Breslau 1879.

(*16*) Mougin, P.: Les torrents de la Savoie. 1251 S. Grenoble 1914.

(*17*) Principi, Paolo: Trattato di Geologia applicata. 862 S. m. 426 Abb. i. Satz u. 2 Taf. (besonders der Abschnitt: Sistemisazione ed utilizzazione delle aque superficiali, S. 571—628). Mailand 1924.

(*18*) Salis, A. v.: Die Wildbachverbauung in der Schweiz. 2 Hefte, 57 S. m. 36 Taf. u. 33 S. m. 52 Taf. Bern 1890 u. 1892. — (*19*) Salzer, Johann: Über den Stand der Wildbachverbauung in Österreich. Wien 1886. — (*20*) Schindler, A.: Die Wildbach- und Flußverbauung nach den Gesetzen der Natur. Zürich 1889. — (*21*) Schoklitsch: Der Wasserbau, J. Springer. Wien 1930. Bd. 1, 484 S. m. 708 Abb. und 74 Tafeln, Bd. 2 S. 485—1184 m. 1348 Abb. und 44 Tafeln. — (*22*) Seckendorff, A. v.: Verbauung der Wildbäche, Aufforstung und Berasung der Gebirgsgründe. Wien 1884. — (*23*) Strele, G.: Der Wald und die Verbauung der Wildbäche. Zbl. ges. Forstwes., Wien **1930**, 313—339.

(*24*) Thiéry, E.: Restauration des montagnes, correction des torrents, reboisement. Paris 1891.

(*25*) Wang, Ferdinand: Fortschritt und Erfolg auf dem Gebiete der Wildbachverbauung. 29 S. m. 4 Taf. (Bilder ausgeführter Bauten). Wien 1890. — (*26*) Grundriß der Wildbachverbauung, 1. Teil 209 S. mit 25 Abb. u. 25 Strichzeichn. i. Satz; 2. Teil 479 S. m. 85 Abb. u. 179 Zeichn. i. Satz. Leipzig 1901. — (*27*) Erfahrungen auf dem Gebiete der Wildbachverbauung. Österr. Wschr. öff. Baudienst Wien **1907**, H. 18. 9 S.

2. Schriften über Bergstürze, Rutschungen und andere Bodenbewegungen.

(*28*) Almagia Roberto: Studi geografici sopra le frane in Italia. 342 S. m. zahlr. Abb. u. 1 großen Karte d. geogr. Verteilung. (Ausführlicher Schriftennachweis.) Rom 1907. — (*29*) Amici, F.: I calanchi. Riv. geogr. Ital. **5**, 378—383 (1898). — (*30*) Andersson, I. Gunnar: Solifluction, a component of subaerial denudation. J. of Geol. **14**, 91—112 (1906).

(*31*) Baltzer, A.: Über die Bergstürze in den Alpen. Jb. schweiz. Alpenklubs Bern **10**, 409—456 (1875). — (*32*) Braun, Gustav: Zur Morphologie des Volterrano. Z. Ges. Erdkde Berlin **1905**, 771—783 m. 1 Karte u. 9 Abb. auf Taf. — (*33*) Über Bodenbewegungen. 11. Jber. geogr. Ges. Greifswald 1908; vgl. Pet. Mitt. **1907**, 285 und Geogr. Z. **13**, 449.

(*34*) Collin, Al.: Recherches expérimentales sur les glissements spontanés des terrains argilleux. Paris 1846.

(*35*) Davis, W. M.: The Mountains of Southermost Africa. Bull. amer. geogr. Soc. **38**, 395—623 (1906).

(*36*) Fuchs, Th.: Über eigentümliche Störungen in den Tertiärbildungen des Wiener Beckens und über eine selbständige Bewegung loser Terrainmassen. Jb. geol. Reichsanst. **22**, 309 (1872).

(*37*) Götzinger, G.: Beiträge zur Entstehung der Bergrückenformen. Geogr. Abh. Leipzig **9**, 1 (1907).

(*38*) Heim, A.: Über Bergstürze. Neujahrsbl., hrsg. v. Naturforsch. Ges. S. 84. Zürich 1882. — (*39*) Högbohm, A. G.: Om. sek. „jäslera" och om villkoren för dess bildning. Geol. För. Stockholm Förh. **27**, 19—36 (1905). — (*40*) Hoff, K. A. v.: Geschichte der durch Überlieferung nachgewiesenen natürlichen Veränderungen der Erdoberfläche **3**. Gotha 1834.

(*41*) Issel, A.: Compendio di Geologia. Torino 1896/97.

(*42*) Krebs, N.: Morphologische Probleme in Unterfranken. Z. Ges. Erdkde Berlin **1920**. — (*43*) Kuß, M.: Éboulements, glissements et barrages (Restauration et conservation des terrains en montagne). 61 S. m. 12 Taf. Paris 1900.

(*44*) Loze, E.: Le Péguere de Cauterets. Rev. eaux et forêts **1896**.

(*45*) Muckle, Ph.: Morphologie des Kraichgaues, S. 35. Dissert., Heidelberg 1908.

(*46*) Neumann, L.: Orometrie des Schwarzwaldes. Pencks geogr. Abh. **1**, 2. — (*47*) Neumayr, M.: Über Bergstürze. Z. dtsch.-österr. Alpenver. **20**, 19—56 (1889).

(*48*) Passarge, Siegfried: Morphologie des Meßtischblattes Stadtremda, S. 180. Hamburg 1914. — (*49a*) Die Grundlagen der Landschaftskunde. Bd. 3. Die Oberflächengestaltung der Erde. 558 S. m. 220 Abb. i. Satz u. 26 Abb. auf 17 Taf. Hamburg: L. Friederichsen 1920. — (*49*) Penck, A.: Morphologie der Erdoberfläche **2**, bes. S. 219—244. Stuttgart 1894. — (*50*) Pfaff, Fr.: Allgemeine Geologie als exakte Wissenschaft. Leipzig 1873. — (*51*) Pollack, V. C.: Beiträge zur Kenntnis der Bodenbewegungen. Jb. geol. Reichsanst. Wien **32**, 565—588 m. 10 Abb. (1882). — (*52*) Pollack, Vinzenz: Zur Frage der Bodenbeweglichkeit und Druckhaftigkeit der Tongesteine und verwandter Materialien. Kolloid-Z. **20**, 33—39 (1917). — (*53*) Pulle, F. S.: Un paese che non è piu. Vita Italiana, Roma, n. ser. III **3** (1879).

(*54*) Reyer, E.: Bewegungen in losen Massen. Jb. geol. Reichsanst. Wien **31**, 431—444 (1881). — (*55*) Theoretische Geologie. Stuttgart 1888.

(*56*) Stoye, K.: Beobachtungen von Verwitterungserscheinungen und Bodenbewegungen in den deutschen Mittelgebirgen. Pet. Mitt. 1922, Jan.-Febr.-Heft, 4.

(*57*) Tiefenbacher, Ludw.: Die Rutschungen, ihre Ursachen, Wirkungen und Behebungen. Wien 1880.

3. Schriften betreffend die Schurftätigkeit des Wassers.

(*58*) Bischof, G.: Lehrbuch der chemischen und physikalischen Geologie. Supplement, S. 76. Bonn 1871. — (*58a*) Ebenda 2. Aufl. 3, 472. Bonn 1866. — (*58b*) Ebenda 2. Aufl. 1, 275. Bonn 1863. — (*59*) Braun, F.: Beiträge zur Landeskunde des nordöstlichen Deutschland, S. 43ff. 1 (einz.) Heft. Danzig 1898. — (*60*) Braun, G.: Über Erosionsfiguren aus dem nördlichen Apennin. Schr. phys. ök. Ges. Königsberg i. Pr. 48, 41—45 (1907) m. 2 Abb. i. Satz. — (*61*) Braun, Gustav: Beiträge zur Morphologie des nördlichen Apennin. Z. Ges. Erdkde Berlin 1907, H. 7/8. 62 S. m. 2 Taf. u. 16 Abb. i. Satz.

(*62*) Costa des Bastelica, M.: Les torrents. Paris 1874.

(*63*) Davis, W. M.: Physical Geography. Boston 1898. — (*64*) The development of river meanders. Geol. Magaz. London, n. s. dec. IV 10, 145—148 (1903). — (*65*) La Peneplaine. Ann. Geogr. Paris 8, 289 (1899). — (*66*) The development of certain english rivers. Geogr. J. 5, 127—146 (1895). — (*67*) Davis, William Morris: Die erklärende Beschreibung der Landformen. 565 S. m. 212 Abb. u. 13 Taf. Leipzig u. Berlin: B. G. Teubner 1912. — (*68*) Diwald, Karl: Morphogenese der Äscherlandschaft. 402 S. m. 70 Blockschaubild. i. Atlas. Wien: Selbstverlag des Verfassers 1921. — (*69*) Neue Grundlagen zur praktischen Analyse der Landschaft, die Eiszeit 1, H. 1. Leipzig 1924.

(*70*) Frech, F.: Über Muren. Z. dtsch.-österr. Alpenver. 29, 1—26 (1898). — (*71*) Fuchs, Th.: Über die Grundform der Erosionstäler. Jb. geol. Reichsanst. Wien 27, 453—457 (1877).

(*72*) Gorsse, M. de: Les terrains et les paysages torrentiels (Pyrénées). Paris 1900. — (*73*) Gortani, Michele: Materiali per lo studio delle forme di accumulamento. I. Falde di detrito e coni di deiezione nella valle del Tagliamento. Mem. geograf. Florenz 1912, H. 20, 339—433 m. 34 Abb. i. Satz. — (*74*) Günther, S.: Glaziale Denudationsgebilde im mittleren Eisacktale. Sitzgsber. Akad. Wiss. München, Math.-physik. Kl. 1902, 459—486.

(*75*) Hartlieb, Rudolf, v.: Die Kollmanner Katastrophe in Tirol und die neue Brückenanlage über den Ganderbach nebst Streckenkorrektion. Österr. Mschr. öff. Baudienst Wien 1896.

(*76*) Lapparent, A. de: Leçons de Géographie physique, 2. ed. Paris 1898. — (*77*) Lehmann, O.: Die Talbildung durch Schuttgerinne. Festbd. A. Penck. — (*78*) Lentz, Josef: Die Abtragungsvorgänge in den vulkanischen Lockermassen der Republik Guatemala. 96 S. m. 25 Abb. i. Satz u. 15 Taf. Würzburg 1925. — (*79*) Löwl, F.: Über Talbildung. Prag 1884.

(*80*) Machacek, Fr.: Der Schweizer Jura. Pet. Mitt. 1905, Erg.-H. 150. — (*81*) Martonne, Emm. de: Traité de Géographie physique. 2. Bd. Le relief du sol. 1057 S. m. 206 Abb. i. Satz u. 46 Taf. Paris 1926.

(*82*) Noe, G. de la, u. Emm. de Margerie: Les formes du terrain. Paris 1888.

(*83*) Östreich, K.: Die Täler des nordwestlichen Himalaya. Pet. Mitt. 1906, Erg.-H. 155.

(*84*) Passarge, S.: Über die Abtragung durch Wasser, Temperaturgegensätze und Wind, ihren Verlauf und ihre Endformen. Geogr. Z. 18, 87ff. (1912). — (*85*) Penck, A.: Morphologie der Erdoberfläche, bes. S. 259—385. Stuttgart 1894. — (*86*) Penck, A., u. E. Brückner: Die Alpen im Eiszeitalter. Leipzig 1901ff. — (*87*) Philippson, A.: Ein Beitrag zur Erosionstheorie. Pet. Mitt. 1886, 67—79. — (*87a*) Studien über Wasserscheiden. Mitt. Ver. Erdkde Leipzig 1885, 241—403.

(*88*) Richter, E.: Urkunden über die Ausbrüche des Vernagt- und Gurglergletschers im 17. und 18. Jahrhundert. Forschgn dtsch. Landes- u. Volkskde, 6, H. 4 m. 2 Karten, 349—439 (Stuttgart 1892). — (*89*) Riediger, Karl: Die Theorie der Kolkbildung. 114 S. m. 45 Abb. i. Satz. Wien u. Leipzig: Karl Gerolds Sohn 1920. — (*90*) Rovereto Gaetano: Forme della terra 1, 641 S. m. 16 Taf. u. 250 Abb. i. Satz; 2, 546 S. m. 22 Taf. u. 178 Abb. i. Satz. Mailand: Ulrico Hoepli

1924). — (*91*) Rucktäschel, Th.: Ungleichseitigkeit der Täler und Wirkung der vorherrschenden westlichen Winde auf die Talformen. Pet. Mitt. **1889**, 224f. — (*92*) Rudnyckyj, Stef.: Beiträge zur Morphologie des galizischen Dniestergebietes. Geogr. Jber. Österr. **5**, 65 (1907). — (*93*) Russel, I. C.: River development. 327 S. m. 23 Abb. i. Satz u. 17 Vollbild. London 1909.

(*94*) Sapper, Karl: Geologischer Bau und Landschaftsbild. Braunschweig: Vieweg & Sohn 1917. — (*95*) Rasenabschälung. Geogr. Z. **21**, H. 2, 105f. — (*96*) Vulkankunde, S. 237ff. 424 S. m. 32 Abb. i. Satz, 30 Bildtaf. u. 4 farb. Kartenbeil. Stuttgart 1927. — (*96a*) Schmieder, O.: Contribution al. conosc. del Nevado de chami. Buenos Aires 1923. — (*97*) Senft, L.: Die Schöpfungen des Regenwassers in und auf der Erdrinde. I. Die Wasserrisse oder Regenschluchten. Ausland, Augsburg **41**, 867—870, 897—901 (1868). — (*98*) Simony, Friedrich: Über die Alluvialgebiete des Etschtales. Sitzgsber. ksl. Akad. Wiss. **24**, 466. — (*99*) Sorko, Leop.: Die Wasserverbauungsfrage in Weinbergen. 1. Schutz gegen Erdabschwemmungen. 2. Erdrutschungen, deren Ursachen und Behebungen. 84 S. m. 97 Abb. auf 16 Taf. Wien u. Leipzig: A. Hartleben 1908. — (*100*) Stiny, J.: Die Muren. 139 S. m. 34 Abb. Innsbruck 1910. — (*101*) Technische Geologie, bes. S. 386—420, 435—475, 758—769. Stuttgart: Ferdinand Enke 1922. — (*102*) Zur Erosionstheorie. Mitt. naturwiss. Ver. Steiermark **47**, 83—88 (1910). — (*102a*) Fortschritte des Tiefenschurfes in der Gegenwart. Geol. Rdsch. **3**, 166—169.

(*103*) Terzaghi, K.: Erdbaumechanik. 399 S. m. 65 Abb. i. Satz. Leipzig u. Wien: Franz Deuticke. — (*104*) Toula, F.: Über Wildbachverheerungen. Schr. Ver. Verbr. naturwiss. Kenntn. Wien **32**, 499—622 m. 41 Abb. i. Satze (1892).

(*105*) Wagner, P. J.: Die Beziehungen der Geologie zu den Ingenieurwissenschaften. 88 S. m. 24 Taf. u. 65 Abb. i. Satz. Wien 1884. — (*106*) Walcher, Josef: Nachrichten von den Eisbergen in Tirol. Wien 1773.

4. Schriften über Lawinen.

(*107*) Campagne, M.: Les travaux de défense contre les avalanches dans la vallée de Barèges. 35 S. m. 6 Taf. Paris: Imprimerie nationale 1900. — (*108*) Coaz, J.: Die Lawinen der Schweizer Alpen. Bern 1888.

(*109*) Kuß, M.: Les torrents glaciaires. (Les avalanches, S. 12—31.) Paris 1900.

(*110*) Landolt, Elias: Die Bäche, Schneelawinen und Steinschläge und die Mittel zur Verminderung der Schädigung durch dieselben. 140 S. m. 19 Steindrucktaf. Zürich 1886.

(*111*) Pokorny, Adalbert: Über Verbauung von Schneelawinen. Österr. Wschr. öff. Baudienst **1901**, H. 10/11. — (*112*) Pollack, Vinzenz: Über die Lawinen Österreichs und der Schweiz. Wien: Lehmann & Wentzel 1891. — (*113*) Über Erfahrungen im Lawinenverbau in Österreich. 90 S. m. 87 Abb. i. Satz u. 1 Taf. Leipzig u. Wien: Franz Deuticke 1906.

(*114*) Zdarsky, Mathias: Beiträge zur Lawinenkunde. Herausgegeben vom Alpen-Skiverein Wien. 127 S. m. 23 Abb. i. Satz u. 23 Taf. Wien 7, Richtergasse 4. A. B. Z.-Verlagsanstalt.

5. Schriften über Verwitterung.

(*115*) Blanck, E.: Allgemeine Verwitterungslehre. Physikalische Verwitterung. Chemische Verwitterung. Handbuch der Bodenlehre **2**, 148—223 m. 16 Abb. Berlin: Julius Springer 1929. (Hier eingehender Schriftennachweis.) — (*116*) Bischof: Lehrbuch der chemischen und physikalischen Geologie **1**, (1863).

(*117*) Heim, Albert: Über Bergstürze. Zürich 1882. — (*118*) Einiges über die Verwitterungsformen der Berge. Zürich 1874. — (*119*) Über Verwitterung im Gebirge. Basel 1879.

(*120*) Ramann, E.: Bodenkunde, 2. Aufl., Abschnitt über Verwitterung. Berlin 1905. — (*121*) Rühle, G.: Über die Verwitterung von Gneis. Dissert., Freiburg i. Br. 1911.

6. Schriften über bodentechnische Untersuchung des Baugrundes.

(*122*) **Backofen**, K.: Einheitliche Schichtenverzeichnisse im Ingenieurbaufach. Geol. u. Bauwes. **1929**, H. 3, 151—156. — (*123*) Klassifizierung und einheitliche Bezeichnung loser Bodenarten in der Bautechnik. Ebenda **1929**, H. 3, 127—150 m. 2 Abb. — (*124*) **Bastl**, Fr.: Feststellung von Erdkrustenbewegungen im oberen Lechtale und Flexengebiete. Ebenda **1929**, H. 2, 83—91. — (*125*) **Bierbaumer**, A.: Regeln für Fundierungen in Böden von geringer Widerstandsfähigkeit werden unbefriedigend gefunden. Ebenda **1929**, H. 1, 40—51 mit 10 Abb. — (*126*) Sammelbericht über die neueren Arbeiten Prof. Terzaghis auf dem Gebiete des Fundierungs- und des Straßenbauwesens. Ebenda **1929**, H. 1, 16—40 mit 20 Abb.

(*127*) **Kirchhoff**, Fr.: Untersuchungen über die Ursachen der Böschungsrutschungen in Jura- und Kreidetonen bei Braunschweig. Geol. u. Bauwes. **1930**, H. 2, 79—133 m. 8 Abb.

(*128*) **Preß**, H.: Versuch der Festlegung der Bezeichnungen und der zu untersuchenden für den Grundbau wesentlichen Eigenschaften der Böden. Geol. u. Bauwes. **1929**, H. 4, 213—233.

(*129*) **Stiny**, Josef: Zur Kenntnis und Abwehr der Rutschungen. Geol. u. Bauwes. **1**, H. 4, 190—201 m. 4 Abb. (1929). — (*130*) Zur Frage der Entwässerung tonreicher Schichtstöße. Ebenda **1929**, H. 2, 123—124 m. 3 Abb. — (*131*) Richtungbedingtheit der Gesteinfestigkeit und der Bodeneigenschaften. Ebenda **1929** H. 2, 120—122. — (*132*) Über Stoßstauchung des Baugrundes. Ebenda **1929**, H. 1, 70—73 m. 3 Abb. — (*133*) Versuch einer Einteilung der Böden im technischen Sinne. Ebenda **1929**, H. 1, 67—69. — (*134*) Zur Schubfestigkeit der Böden. Ebenda **1929**, H. 1, 62—67 m. 2 Abb. — (*135*) Einige Folgeerscheinungen der Spiegelabsenkung von Speicherbecken. 1. Teil. Ebenda **1**, H. 1, 51—59 m. 8 Abb. (1929).

(*136*) **Terzaghi**, Karl v.: Erdbaumechanik auf bodenphysikalischer Grundlage. 399 S. m. 65 Abb. i. Satz. Leipzig u. Wien: Franz Deuticke 1925. — (*137*) Moderne Ansichten über das Fundierungswesen. J. Boston. Ges. Ziv.-Ing. **12**, Nr 10, Dezember (1925). — (*138*) Anwendung von Rohrbrunnen bei der Ausführung des Fundamentaushubes für die Kloakenwasserpumpstation in Lynn, Massachusetts. Ebenda **14**, Nr 7 (September 1927). — (*139*) Der 1. internationale Bodenkongreß und seine Botschaft an die Straßenbauingenieure. Public Roads **8**, Nr 5, Juli (1927). — (*140*) Methoden und Möglichkeiten der Bodenuntersuchungen für Straßenbauzwecke. Publ. Inst. Technol. Massachusetts **1927**, Juli. — (*141*) Grundsätze für endgültige Einteilung der Böden. Public Roads **8**, Nr 3 (Mai 1927). — (*142*) Bestimmungen der Konsistenz der Böden aus Eindringungsversuchen. Ebenda **7**, Nr 12 (Februar 1927). — (*143*) Die Fundierungswissenschaft. Ihre Gegenwart und Zukunft. Publ. Inst. Technol. Massachusetts **1927**, November.

(*144*) **Vendl**, A.: Rutschungen in lößbedeckten Tongebieten im III. Bezirk von Budapest. Geol. u. Bauwes. **1929**, H. 2, 100—119 m. 12 Abb.

(*145*) **Winter**, A.: Zur Standfestigkeit der Böden. Geol. u. Bauwes. **1929**, H. 3, 176—177 m. 1 Abb.

7. Beschreibende, formenkundliche Arbeiten.

(*146*) **Neuber**, August: Wissenschaftliche Charakteristik und Terminologie der Erdoberfläche. 647 S. Wien u. Leipzig 1901.

(*147*) **Sonklar**, Carl, Edler von Innstädten: Allgemeine Orographie. 254 S. m. 57 Holzschn. Wien: W. Braumüller 1873.

(*148*) **Zaffauk**, Josef: Die Erdrinde und ihre Formen. Ein geographisches Nachschlagebuch. 139 S. Wien, Pest u. Leipzig: A. Hartleben 1885.

8. Einfluß des Pflanzenwuchses und besonders des Waldes auf die Bodenbewegungen und die Tätigkeit der Gewässer.

Von der Aufzählung einer größeren Zahl der einschlägigen, ungemein zahlreichen Schriften wird abgesehen; viele derselben bringen immer wieder dieselben Gedankengänge und die meisten sind durch neuere Untersuchungen überholt.

(*149*) **Bargmann**, Albert Fr. J.: Der jüngste Schutt der nördlichen Kalkalpen in seinen Beziehungen zum Gebirge, zu Schnee und Wasser, zu Pflanzen und Menschen. Wiss. Veröff. Ver. Erdkde Leipzig **2**, 2. 103 S. m. zahlr. Taf.

(*150*) **Ebermayer, Ernst**: Der Einfluß der Wälder auf die Bodenfeuchtigkeit, auf das Sickerwasser, auf das Grundwasser und auf die Ergiebigkeit der Quellen. Stuttgart 1900. (Mit reichem Schriftennachweise.) — (*151*) **Engler, A.**: Untersuchungen über den Einfluß des Waldes auf den Stand der Gewässer. Mitt. schweiz. Zentralanst. forstl. Versuchswes. Zürich **12** (1919). 626 S. m. 58 Abb. i. Satz u. auf Taf.

(*152*) **Hawgood, H.**: Effect of forests on water supply. Forester, Washington **1899**, H. 11/12.

(*153*) **Schröter, Karl**: Das Pflanzenleben der Alpen, 2. Aufl. 1288 S. m. 316 Abb. u. 6 Taf. (Meisterhafte Schilderung der Schuttbindung durch Pflanzen.) Zürich 1926. — (*154*) **Stiny, J.**: Die Berasung und Bebuschung des Ödlandes im Gebirge. Graz: Selbstverlag 1908.

9. Rückwirkung der Bodenbewegungen und der Geschiebeherde auf den Pflanzenwuchs und die Begrünungsmaßnahmen.

(*154a*) **Deecke, W.**: Morphologie von Baden, S. 95, 384. Berlin 1913.

(*155*) **Engler, A.**: Tropismen und exzentrisches Dickenwachstum der Bäume, S. 17. Zürich 1918.

(*156*) **Hausrath, H.**: Pflanzengeographische Wandlungen der deutschen Landschaft, S. 11. Leipzig u. Berlin 1911. — (*157*) **Heim, Albert**: Geologie der Schweiz 1. Leipzig 1919.

(*158*) **Klein, L.**: Bemerkenswerte Bäume im Großherzogtum Baden. Heidelberg 1908.

(*159*) **Lehmann, F. W. P.**: Das Gekriech und die Stelzbeinigkeit der Bäume. Pet. Mitt. **1918**, 222.

(*160*) **Volz, W.**: Über die Stelzfüßigkeit der Bäume im Gebirge. Beih. Jber. schles. Ges. vaterl. Kultur Breslau **1**, Nr 1 u. 2, 2 (1922).

Sachverzeichnis.